어떤 문제도 해결하는
사고력 수학 문제집

박학다식 문해력 수학

초등 3년

1단계

사고력+문해력 융합
수학 학습 프로그램

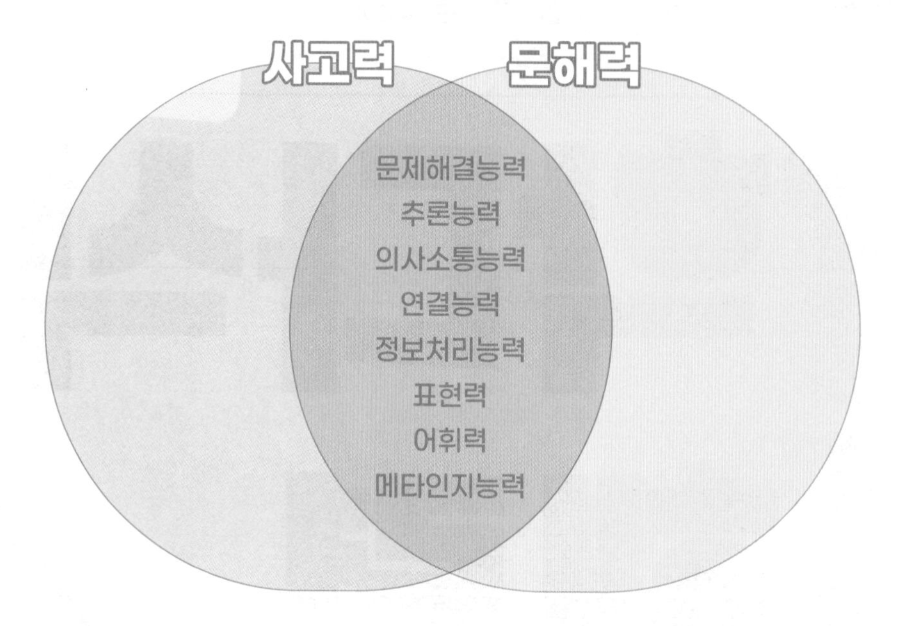

발행처 비아에듀 | 지은이 최수일·문해력수학연구팀 | 발행인 한상준 | 초판 1쇄 발행일 2023년 7월 21일
편집 김민정·강탁준·최정휴·손지원 | 기획 자문 박일(수학체험연구소장) | 삽화 김영화·이소영 | 디자인 조경규·김경희·이우현
주소 서울시 마포구 월드컵북로6길 87 | 전화 02-334-6123 | 홈페이지 viabook.kr

문해력이 수학 실력을 좌우합니다

지능 검사는 5개 영역에서 이루어집니다. 어휘적용, 언어추리, 산수추리, 수열추리, 도형추리입니다. 이 중에서 수학 실력과 가장 밀접한 상관관계를 갖는 영역은 무엇일까요? 많은 연구 결과, 수학과 직접적인 관계가 있는 산수추리나 수열추리, 도형추리보다 어휘적용과 언어추리가 수학 실력과의 상관관계가 더 높은 것으로 나타났습니다. '어휘적용'과 '언어추리'가 무엇일까요? 바로 문해력입니다. 문해력이 수학 실력을 좌우합니다.

문해력은 무엇일까요? 문해력은 글을 읽고 의미를 파악하고 이해하는 능력뿐만 아니라 중요한 정보나 사실을 찾고 연결하는 능력이며, 실생활에서 맞닥뜨리는 상황을 이해하고 해결하는 능력입니다. 이는 수학에서 요구하는 역량과도 맞닿아 있습니다. 2024년부터 적용되는 새로운 수학 교육과정은 문제해결, 추론, 의사소통, 연결, 정보처리의 5대 교과 역량을 기반으로 구성됩니다. 또한, 최근 세계적으로 우수한 인재를 위한 교육 프로그램으로 인정받고 있는 IB(International Baccalaureate) 프로그램에서도 사고력을 키워주는 역량 중심의 교육과정을 지향하고 있습니다. 초등수학 IB 프로그램은 위에서 언급한 역량을 키우기 위해 서술형, 논술형 문제를 통해 설명하기(프리젠테이션)와 글쓰기 공부를 강조하고 있습니다.

지식과 정보가 폭발적으로 증가하는 사회에 능동적으로 대응할 수 있는 역량을 갖추는 공부가 절실히 필요한 때입니다. 수학 개념을 정확하고 논리적으로 설명할 줄 아는 공부야말로 미래를 준비하고, 대처할 수 있는 능력을 키워 줄 수 있습니다. 『박학다식 문해력 수학』은 수학 교육과정에서 요구하는 5대 역량과 '설명하기'를 통해 학생이 개념을 충분히 인지하였는지를 알 수 있는 메타인지능력, 그리고 문해력을 동시에 키울 수 있는 교재입니다.

이 책과 함께 성장하는 여러분의 미래를 응원합니다.

박학다식 문해력 수학 사용설명서

step 1

내비게이션

교과서의 교육과정과
학습 주제를 확인해 보세요.
문제에 집중하다 보면
길을 잃기도 하거든요.
내가 공부하고 있는 위치를
확인하는 습관을 지녀보세요.

19 분수와 소수 · 분모가 같은 분수의 크기 비교

만화

만화는 뒤에 나오는
'수학 문해력'과 연결이 돼요. 만화를 보며 해당 학습 주제에 대해 상상해 보세요.
그리고 이 주제를 '왜' 배워야 하는지 생각해 보세요.

30초 개념

수학은 '뜻(정의)'과 '성질'이
중요한 과목입니다.
꼭 알아야 할 핵심만
정리해 한눈에 개념을
이해할 수 있어요.

step 1 30초 개념

• 분모가 같은 분수의 크기를 비교하는 방법

① $\frac{2}{4}$와 $\frac{3}{4}$을 그림을 그려 크기를 비교하면 $\frac{2}{4}<\frac{3}{4}$입니다.

$\frac{2}{4}$	$\frac{1}{4}$	$\frac{1}{4}$		
$\frac{3}{4}$	$\frac{1}{4}$	$\frac{1}{4}$	$\frac{1}{4}$	

② $\frac{2}{4}$는 단위분수 $\frac{1}{4}$이 2개이고, $\frac{3}{4}$은 단위분수 $\frac{1}{4}$이 3개이므로 $\frac{2}{4}<\frac{3}{4}$입니다.

개념연결

수학의 개념은 전 학년에 걸쳐
모두 연결되어 있어요. 지금
배우는 개념이 이해가 되지
않는다면 이전 개념으로 돌아가
다시 확인해 보세요. 그리고 다음에는 어떤 개념으로 연결되는지도 꼭 확인하세요.

개념연결: 2-1 칠교판으로 여러 가지 모양 만들기 → 3-1 똑같이 나누기 → 3-1 분수 → 3-1 분모가 같은 분수의 크기 비교

step 2

매일 한 주제씩 꾸준히 공부하는 습관을 키워 보세요.
'빨리'보다는 '정확하게' 학습 내용을 이해하는 것이 중요합니다.

step 2 설명하기

질문 ❶ 종이를 접어서 직각을 만드는 방법을 설명하고 그 과정을 그림으로 그려 보세요.

설명하기 종이를 반듯하게 두 번 접으면 직각을 만들 수 있습니다.
① 종이를 반듯하게 한 번 접으면 평평한 각이 나옵니다.
② 다시 한 번 더 반듯하게 접으면 양쪽의 각의 똑같아지므로 그 절반인 각이 나옵니다. 이 절반인 각을 직각이라고 합니다.

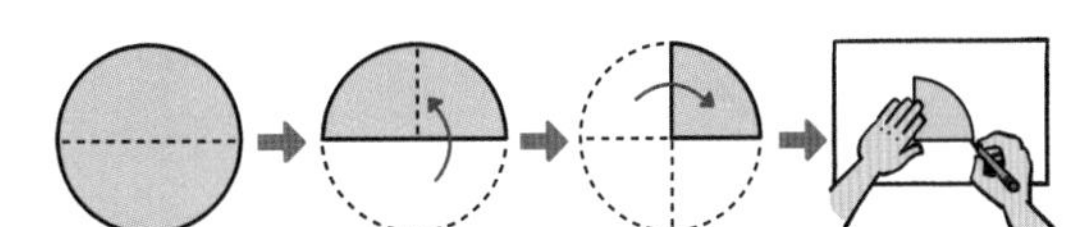

두 번째 그림과 같이 평평한 것도 각이라고 할 수 있습니다. 이것은 평각이라고 합니다. 아직 ...지만 평각의 크기는 180°이며, 직각의 크기는 그 절반인 90°입니다.

설명하기

'30초 개념'을 질문과 설명의 형식으로 쉽고 자세하게 풀어놨어요.

...시계의 긴바늘과 짧은바늘이 이루는 각의 크기를 직각을 기준으로 설명해 보세요.

시계의 긴바늘과 짧은바늘이 이루는 각은 시계의 가운데 점을 꼭짓점으로 하여 두 반직선이 각을 이룬 것으로 볼 수 있습니다.
정각 3시와 9시일 때 두 바늘이 이루는 각은 직각입니다.
6시 40분일 때 두 바늘이 이루는 각은 직각보다 작습니다.
4시 45분일 때 두 바늘이 이루는 각은 직각보다 큽니다.

• 이렇게 공부해 보세요!
1. 무엇을 묻는 질문인지 이해한다.
2. '설명하기'를 소리 내어 읽는다.
3. 친구에게 설명한다.
4. 손으로 직접 써서 정리한다.

이 과정을 거치게 되면 초등수학의 모든 개념을 정복할 수 있어요.

step 3-4

step 3 개념 연결 문제

1 □ 안에 알맞은 수를 써넣으세요.

(1)
20 분 15 초
\+ 6 분 40 초
□분 □초

(2)
35 분 55 초
− 5 분 30 초
□분 □초

2 주어진 시각에서 5분 후의 시각을 써 보세요.

(　　　　　)

3 지금 시각은 다음과 같습니다. 8분 전의 시각을 써 보세요.

(　　　　　)

4 계산해 보세요.

(1)
5 시간 30 분 15 초
\+ 4 시간 15 분 20 초
□시간 □분 □초

(2)
7 시 20 분 55 초
− 4 시 15 분 50 초
□시간 □분 □초

개념 연결 문제

앞에서 다루었던 개념과
그 성질이 들어 있는 문제들입니다.
문제를 많이 푸는 것보다 개념을 묻는
문제를 푸는 것이 중요해요.
어떤 문제를 만나도 풀 수 있다는
자신감을 가지게 될 거예요.

5 시간 계산에서 잘못된 곳을 찾아 바르게 고쳐 보세요.

20시 30분
\+ 10분 16초
30시 46분
➡ 바른 계산

6 서울에서 제주도까지 가는 데 걸린 시간은 몇 시간 몇 분일까요?

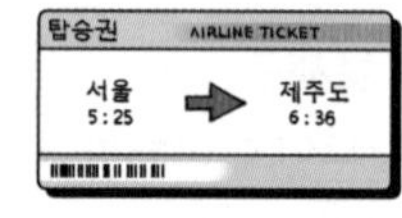

(　　　　　)

도전 문제

문장제 문제와
사고력과 추론이 필요한
심화 문제예요.
배운 개념을 토대로
꼼꼼히 생각해 보세요.
개념이 연결되는 문제이기 때문에
충분히 해결할 수 있어요.

도전 문제

7 다음은 수영이가 달리기를 시작한 시각과 끝낸 시각을 나타낸 것입니다. 수영이가 달리기를 한 시간을 구해 보세요.

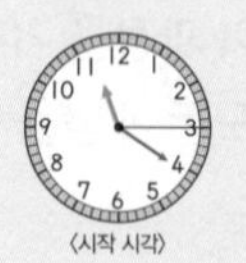
〈시작 시각〉

〈끝낸 시각〉

(　　　　　)

8 다음은 겨울이와 여름이가 나눈 대화입니다. 자전거를 더 오래 탄 사람은 누구일까요?

겨울: 나는 1시간 30분 21초 동안 자전거를 탔어.
여름: 나는 3시 30분 20초부터 5시까지 자전거를 탔어.

(　　　　　)

step 5

수학 문해력 기르기

설명문, 논설문, 신문 기사,
동화, 만화 등 다양한 분야의
읽을거리를 읽어 보세요.
긴 문장을 읽고 문제의 핵심을
파악하는 능력을 기를 수 있어요.

step 5 수학 문해력 기르기

소수의 탄생

약 400년 전 벨기에 군대에 스테빈이라는 장교가 있었다. 당시 벨기에는 스페인과 독립 전쟁을 치르던 중이었는데, 막대한* 전쟁 비용을 마련하려면 여기저기서 빚을 내야 했다. 스테빈은 군대의 돈을 관리하고 있었기 때문에 이자를 계산해야 하는 경우가 많았다.

'내일 빌린 돈의 이자를 내야 하는군. 이자가 빌린 돈의 $\frac{1}{10}$이고, 빌린 돈이 100프랑*이니까 10프랑을 이자로 내면 되겠군.'

그런데 이자 계산이 언제나 쉬운 것만은 아니었다.

'이번에는 이자가 $\frac{1}{11}$이네.'

이런 경우에는 계산하기가 복잡했다. 그래서 스테빈은 생각했다.

'이자를 정할 때, 분모를 10, 100, 1000과 같이 해야겠어. 그러면 계산하기 쉬울 거야!'

스테빈은 이를 바탕으로 1582년 이자 계산표를 책으로 만들어 출간했고, 1585년 『10분의 1에 관하여』라는 소책자에서 소수 계산을 최초로 설명했다.

그러던 어느 날 스테빈은 또 불편한 점을 발견했다.

'$\frac{1}{10}$과 $\frac{1}{100}$은 어느 것이 큰 수인지 쉽게 알 수 있는데, 숫자가 많아지면 크고 작은 수를 알기가 어려워.'

그로부터 약 40년 뒤, 스테빈은 수를 다음과 같이 표기*하기로 했다.

3①4②2③8④　　2①8②9③7④1⑤2⑥

①, ②, ③, ④는 각각 소수 첫째 자리, 둘째 자리, 셋째 자리 등을 나타낸다. 위의 두 수 중에서 ① 자리의 수를 비교하면 왼쪽이 더 크다는 것을 바로 알 수 있다. 이는 지금의 소수인 0.3428과 0.289712와 똑같다.

* 막대하다: 더할 나위 없이 많거나 크다.
* 프랑: 프랑스, 스위스, 벨기에의 화폐 단위
* 표기: 문자 또는 음성 기호로 언어를 표시함.

1 스테빈은 이자를 쉽게 계산하기 위해서 이자를 정할 때 분모가 얼마인 분수를 사용해야겠다고 생각했는지 찾아 써 보세요.

(　　　　　　)

2 분모를 문제 1과 같이 나타냈을 때도 스테빈이 불편하게 생각했던 점은? (　　　)

① 이자의 계산이 어려웠다.
② 숫자가 많아지면 수의 크기를 비교하기가 어려웠다.
③ 이자를 내 마음대로 정할 수 없었다.
④ 이자율이 매번 달라졌다.
⑤ 이자를 많이 지불해야 했다.

3 스테빈의 표기법에서 각각이 나타내는 의미를 바르게 연결해 보세요.

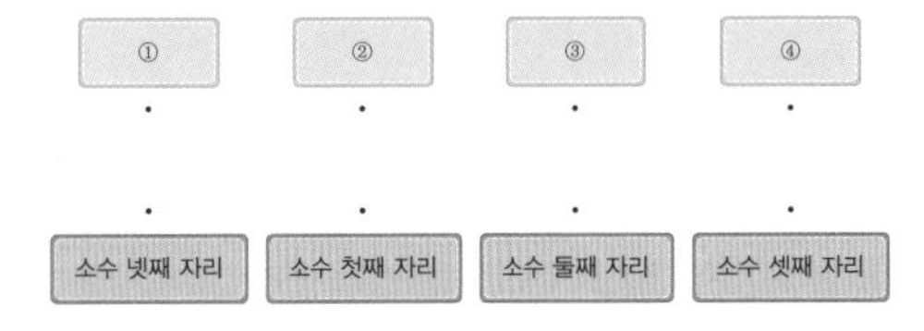

4 다음 분수를 소수로 나타내면 각각 얼마인지 써 보세요.

(1) $\frac{1}{10}$　　　　(2) $\frac{1}{100}$

5 0.543을 스테빈의 표기법으로 나타내어 보세요.

(　　　　　　)

읽을거리 안에는 앞서 배운
개념을 묻는 문제가 있어요.
문제를 푸는 과정에서
어휘력과 독해력을 키우고,
읽을거리에 담겨 있는 지식과
정보도 얻을 수 있답니다.
수학 개념과 읽기 능력,
두 마리 토끼를 잡아 보세요.

박학다식 문해력 수학

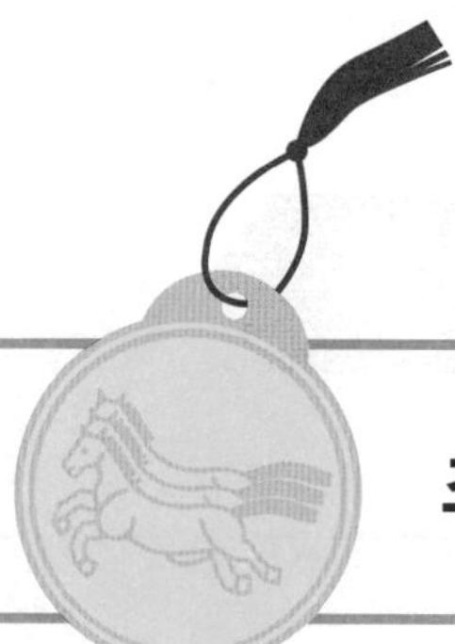

초등 3-1단계

1단원 | 덧셈과 뺄셈

2단원 | 평면도형

3단원 | 나눗셈

4단원 | 곱셈

5단원 | 길이와 시간

6단원 | 분수와 소수

받아올림이 없는 (세 자리 수)+(세 자리 수)의 계산

• 받아올림이 없는 (세 자리 수)+(세 자리 수)의 계산은 같은 자리의 수끼리 더해서 계산합니다.

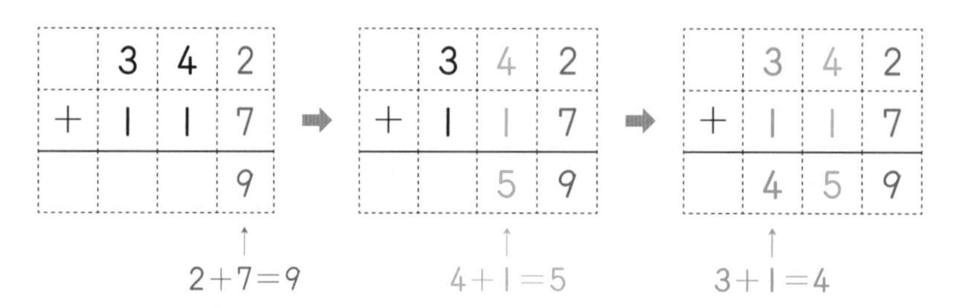

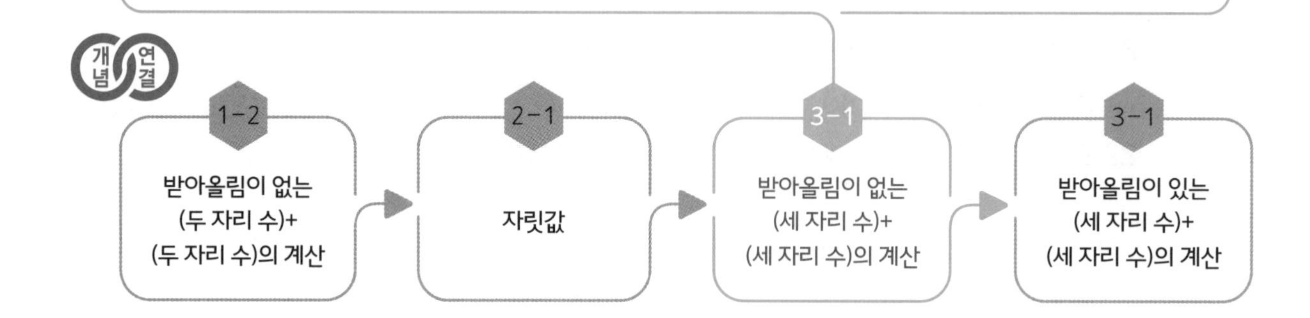

step 2 설명하기

질문 ❶ 342+117을 세로셈으로 계산하고, 그 방법을 순서대로 설명해 보세요.

설명하기 첫째, 각 자리의 숫자를 맞추어 세로로 적습니다.
둘째, 일의 자리부터 더한 값을 적습니다.
셋째, 십의 자리, 백의 자리의 순으로 더한 값을 차례로 적습니다.

	3	4	2
+	1	1	7
			9

➡

	3	4	2
+	1	1	7
		5	9

➡

	3	4	2
+	1	1	7
	4	5	9

받아올림이 없는 덧셈은 백의 자리부터 더해도 됩니다.

질문 ❷ 342+117을 다양한 방법으로 계산하고, 그 방법을 설명해 보세요.

설명하기
방법 1 300+100=400, 40+10=50, 2+7=9를 차례로 계산하여 더하면 342+117=459입니다.
방법 2 300+100=400, 42+17=59를 차례로 계산하여 더하면 342+117=459입니다.
방법 3 2+7=9, 40+10=50, 300+100=400을 차례로 계산하여 더하면 342+117=459입니다.

이 외에도 다른 방법이 많이 있답니다. 여러분도 새로운 방법에 도전해 보세요.

1 수 모형을 보고 계산해 보세요.

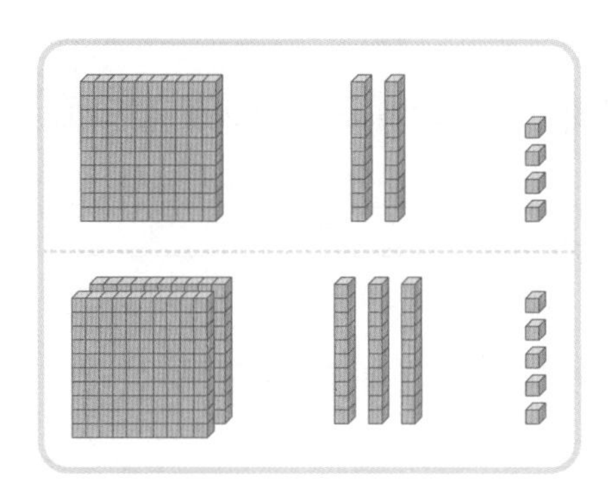

124+235=□

2 수 모형을 덧셈식으로 나타내어 계산해 보세요.

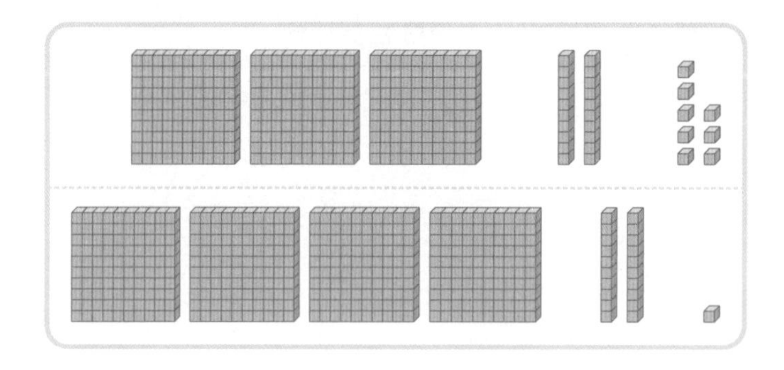

덧셈식 ______________________

3 계산해 보세요.

(1)
```
   5 4 1
 + 1 3 2
 -------
```

(2)
```
   2 7 2
 + 3 1 7
 -------
```

(3) 102+635

(4) 231+354

4 미래네 학교의 남학생은 312명, 여학생은 285명입니다. 미래네 학교의 학생은 모두 몇 명인지 식으로 나타내고 계산해 보세요.

식 ______________________

답 ______________

5 빈칸에 알맞은 수를 써넣으세요.

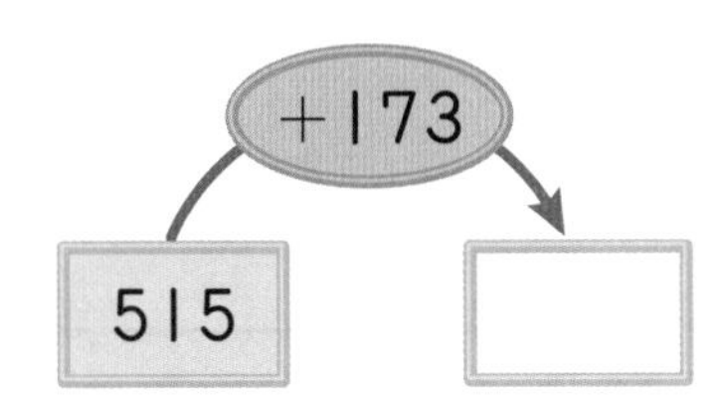

6 계산 결과를 비교하여 ◯ 안에 >, =, <를 알맞게 써넣으세요.

314+205 ◯ 300+217

step 4 도전 문제

7 가장 큰 수와 가장 작은 수의 합을 구해 보세요.

121 541 547 644 304

( )

8 수 카드를 한 번씩만 사용하여 만들 수 있는 세 자리 수 중에서 가장 큰 수와 가장 작은 수의 합을 구해 보세요.

1 4 3

( )

힌트를 찾아라!

3월의 어느 날, 루브르 박물관*에서 전시물이 사라지는 사건이 일어났다. 박물관 관장은 한시라도 빨리 범인을 찾기 위해 K 탐정에게 사건을 의뢰했다. 탐정과 조수는 서둘러 박물관으로 달려왔다. 경찰들은 이미 박물관에 도착해 있었다.

"탐정님, 영국 여왕님의 방문에 맞춰 왕관을 전시해 두었는데 밤사이에 없어졌어요. 여왕님이 내일이면 도착하시는데, 어쩌면 좋을까요?"

박물관 관장이 물었다.

"최대한 빨리 범인과 왕관을 찾아야지요. 혹시 범인이 단서*를 남기지는 않았나요?"

탐정이 묻자 경찰이 대답했다.

"여기요, 이런 걸 남겼습니다."

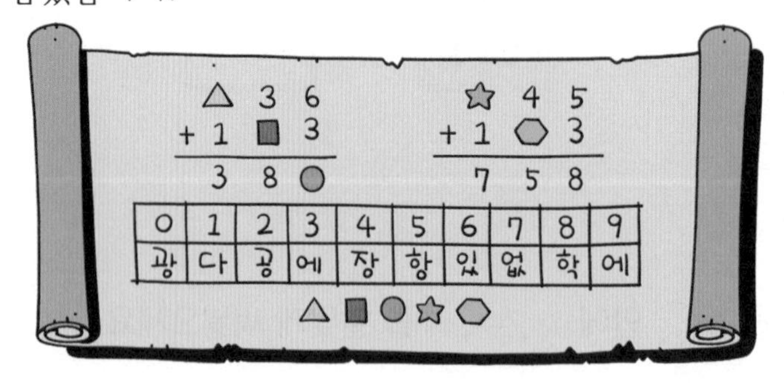

탐정은 범인의 단서가 무엇을 의미하는지 곰곰이 생각해 보았다.

"흠, 덧셈식이고… 도형 안에는 숫자가 들어가겠군."

"탐정님, 덧셈식을 해결하면 범인의 메시지를 해석할 수 있지 않을까요?"

탐정의 조수가 물었다.

"그렇지. 아무래도 각 도형에 들어갈 숫자를 구하고, 그 숫자를 글자와 연결해 봐야 할 것 같아."

* **루브르 박물관**: 프랑스 파리에 있는 국립 미술 박물관. 원래 왕궁이었던 것을 나폴레옹 1세가 박물관으로 고쳤다. 고대 이집트, 그리스, 로마의 미술품과 중세에서 현대에 이르는 회화, 조각 따위의 다양한 예술품이 전시되어 있다.
* **단서**: 어떤 문제를 해결하는 방향으로 이끌어 가는 일의 첫 부분

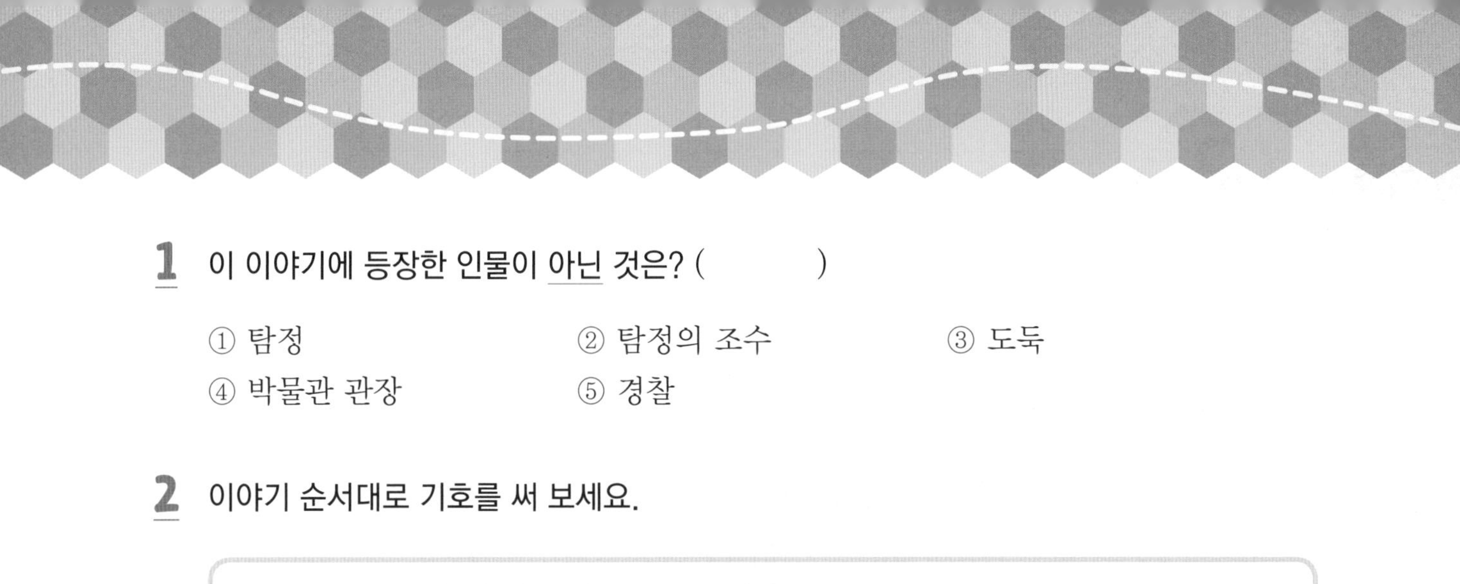

1 이 이야기에 등장한 인물이 아닌 것은? (　　　　)

① 탐정　② 탐정의 조수　③ 도둑
④ 박물관 관장　⑤ 경찰

2 이야기 순서대로 기호를 써 보세요.

㉠ 탐정이 사건의 단서가 있는지 궁금해함
㉡ 박물관에 도둑이 들어 전시물이 사라짐
㉢ 사건 해결을 위해 경찰과 탐정이 모임
㉣ 탐정과 조수가 단서에서 범인의 메시지를 찾기 위해 고민함

(　　　　　　　　　　)

3 물음에 답하세요.

(1) △, ■, ●에 들어갈 숫자를 각각 구해 보세요.

	△	3	6
+	1	■	3
	3	8	●

△ (　　　　)
■ (　　　　)
● (　　　　)

(2) ☆와 ⬡에 들어갈 숫자를 각각 구해 보세요.

	☆	4	5
+	1	⬡	3
	7	5	8

☆ (　　　　)
⬡ (　　　　)

(3) 도형에 들어갈 숫자와 글자를 연결하여 단서를 완성해 보세요.

0	1	2	3	4	5	6	7	8	9
광	다	공	에	장	항	있	없	학	에

△ ■ ● ☆ ⬡ =(　　　　　　)

02 받아올림이 있는 (세 자리 수)+(세 자리 수)의 계산

덧셈과 뺄셈

step 1 30초 개념

• 받아올림이 있는 (세 자리 수)+(세 자리 수)의 계산은 같은 자리의 수끼리 더해서 계산하되 받아올림이 있으면 자릿값을 하나 받아올림하여 계산합니다.

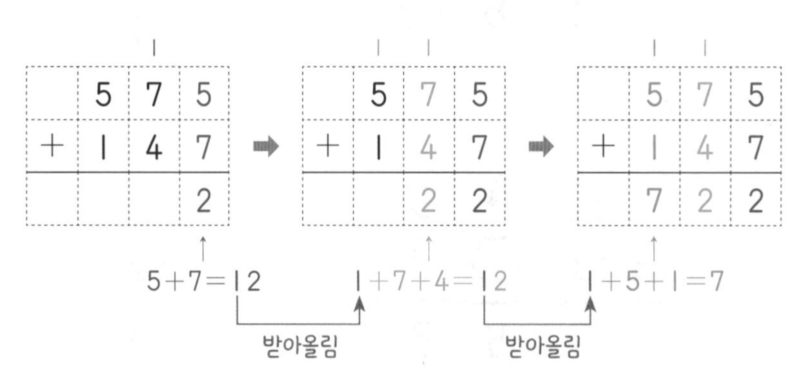

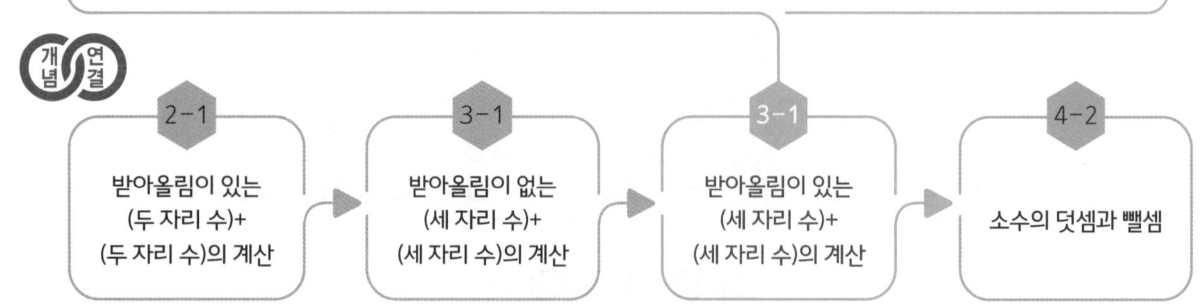

step 2 설명하기

질문 ❶ 575+147을 세로셈으로 계산하고, 그 방법을 순서대로 설명해 보세요.

설명하기 첫째, 각 자리의 숫자를 맞추어 세로로 적습니다.
둘째, 일의 자리끼리 더할 때 받아올림이 있으면 십의 자리로 받아올림하여 계산합니다.
셋째, 십의 자리끼리 더할 때 받아올림이 있으면 백의 자리로 받아올림하여 계산합니다.
넷째, 백의 자리끼리 더할 때 받아올림이 있으면 천의 자리로 받아올림하여 계산합니다.

		1	
	5	7	5
+	1	4	7
			2

➡

	1	1	
	5	7	5
+	1	4	7
		2	2

➡

	1	1	
	5	7	5
+	1	4	7
	7	2	2

십의 자리를 더할 때 일의 자리에서 받아올림한 수를 빠뜨리지 않고 같이 더합니다. 마찬가지로 백의 자리를 더할 때 십의 자리에서 받아올림한 수를 빠뜨리지 않고 같이 더합니다.

질문 ❷ 575+147을 다양한 방법으로 계산하고, 그 방법을 설명해 보세요.

설명하기
방법 1 500+100=600, 70+40=110, 5+7=12를 차례로 계산하여 더하면 575+147=722입니다.
방법 2 570+140=710, 5+7=12를 차례로 계산하여 더하면 575+147=722입니다.
방법 3 575+100=675, 675+40=715, 715+7=722이므로 575+147=722입니다.

1 수 모형을 보고 계산해 보세요.

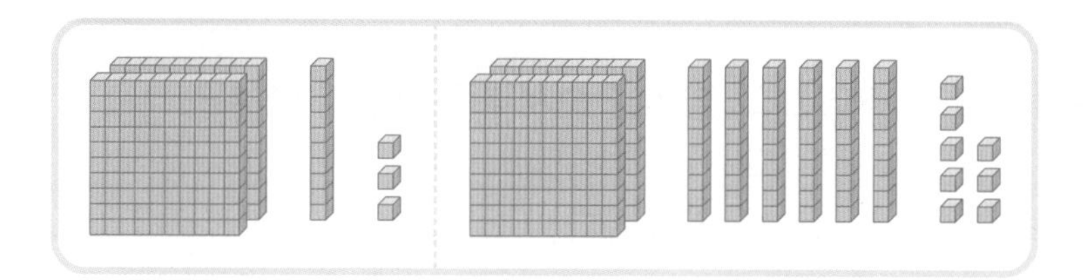

213+268=☐

2 수 모형이 나타내는 수보다 119 더 큰 수를 구해 보세요.

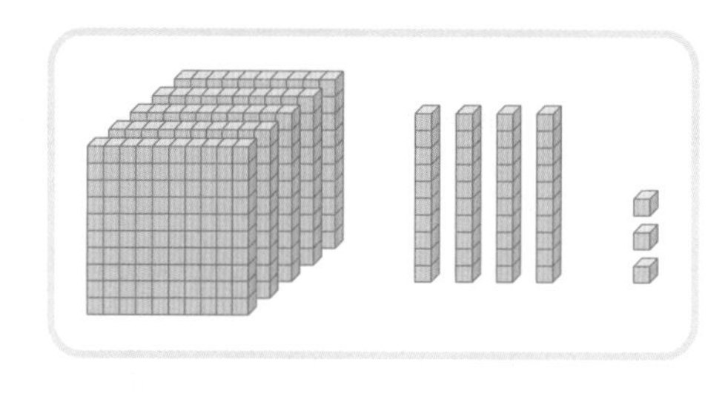

(　　　　　　　　)

3 계산해 보세요.

(1)
$$\begin{array}{r} 1\ 0\ 5 \\ +\ 3\ 2\ 5 \\ \hline \end{array}$$

(2)
$$\begin{array}{r} 2\ 7\ 4 \\ +\ 2\ 6\ 9 \\ \hline \end{array}$$

(3) 582+335

(4) 476+354

4 관계있는 것끼리 선으로 이어 보세요.

136+428 •	• 940
308+483 •	• 564
617+323 •	• 791

5 계산 결과가 더 큰 것에 ○표 해 보세요.

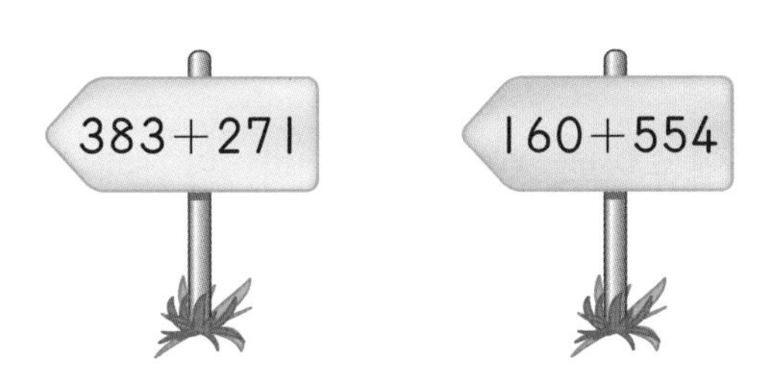

6 미래는 어제와 오늘 줄넘기 연습을 했습니다. 미래가 줄넘기를 어제 248번, 오늘 176번 넘었다면 미래는 어제와 오늘 줄넘기를 모두 몇 번 넘었을까요?

( )

7 □ 안에 알맞은 수를 써넣으세요.

$$\begin{array}{r} 749 \\ +\ 2\square4 \\ \hline 1033 \end{array}$$

8 시은이가 색 테이프를 174 cm 사용하고 친구에게 109 cm를 빌려주었습니다. 남은 색 테이프가 217 cm라면 시은이가 처음에 가지고 있던 색 테이프는 몇 cm인지 식으로 나타내고 계산해 보세요.

식 ______________________

답 ______________________

햄버거에 대해서

햄버거를 좋아하는 윤하는 어느 날 인터넷에 '햄버거'를 검색해 보았다.

햄버거는 패스트푸드*의 일종으로, 빵가루와 양파, 달걀에 고기를 갈아 넣고 구워 낸 햄버그스테이크(패티)와 채소 등을 두 장 이상의 동그랗거나 길쭉한 빵 사이에 넣어 만든 것이다. 손으로 들고 먹을 수 있는 간편한 음식으로, 그 기원*은 독일에서 찾을 수 있다.

윤하는 다시 '햄버거의 기원'을 검색해 다음과 같은 정보를 얻었다.

독일 함부르크의 어느 요리사가 다진 육회를 반죽하여 뭉친 것을 불에 구워 먹었는데, 이를 '함부르크 스테이크'라고 했다. 함부르크 스테이크는 18세기 초 미국으로 건너온 독일 출신 이민자들에 의해 미국에 널리 알려지면서 함부르크에서 온 스테이크라는 이름의 '햄버그스테이크(hamburg steak)'로 불리게 되었다.

이후 미국에서 햄버그스테이크를 사용한 햄버거라는 요리가 유행하게 되었는데, 그 시작에 대해서 정확히 알려진 사실은 없다. 다만 가장 유명한 이야기는 1904년 세인트루이스 박람회에서 한 요리사가 샌드위치를 만들던 중 너무 바쁜 나머지 일반 고기 대신 함부르크 스테이크를 샌드위치 빵에 넣어 판매한 것이 오늘날 햄버거의 시작이었다는 것이다. 현재는 굉장히 다양한 종류의 햄버거가 있다.

또 윤하는 엄마가 햄버거는 칼로리가 높은 음식이라고 걱정하셨던 것이 생각나서 '햄버거 칼로리'도 검색해 보았다. 윤하는 햄버거를 한 번에 꼭 두 개씩은 먹었기 때문에 이번 기회에 알아 둘 필요가 있다고 생각했다.

	중량(g)	칼로리(kcal)
햄버거	100	248
치즈버거	115	296
더블치즈버거	170	447
불고기버거	157	398
새우버거	168	424
치킨버거	161	372

* **패스트푸드**: 주문하면 즉시 완성되어 나오는 식품을 통틀어 이르는 말. 햄버거, 프라이드치킨 따위를 이른다.
* **기원**: 사물이 처음으로 생김.

1 햄버거의 기원은 어느 나라에서 찾을 수 있는지 써 보세요.

( )

2 햄버거에 대한 설명으로 옳은 것은? ( )

① 독일 함부르크의 어느 요리사가 다진 육회를 반죽하여 뭉친 것을 불에 구워 먹었는데, 이를 '함부르크 버거'라고 했다.
② '함부르크 스테이크'는 19세기 초 미국으로 건너온 독일 출신 이민자들에 의해 미국에 널리 알려지면서 '햄버그스테이크'로 불리게 되었다.
③ 미국에서 햄버그스테이크를 사용한 햄버거라는 요리가 유행했다.
④ 1804년 한 요리사가 샌드위치를 만들던 중 너무 바쁜 나머지 일반 고기 대신 함부르크 스테이크를 샌드위치 빵에 넣어 판매한 것이 오늘날 햄버거의 시작이었다.
⑤ 현재 그 종류가 그다지 다양하지 않다.

3 치즈버거와 불고기버거를 모두 먹으면 몇 칼로리를 섭취하게 되는지 구해 보세요.

식 ______________________

답 ______________

4 더블치즈버거와 치킨버거를 모두 먹으면 몇 칼로리를 섭취하게 되는지 구해 보세요.

식 ______________________

답 ______________

5 햄버거 두 개를 먹을 때 가장 낮은 칼로리를 섭취하려면 어떤 햄버거를 먹어야 하고, 총 몇 칼로리를 섭취하게 되는지 구해 보세요.

( ), ( )

03 받아내림이 없는 (세 자리 수)-(세 자리 수)의 계산

덧셈과 뺄셈

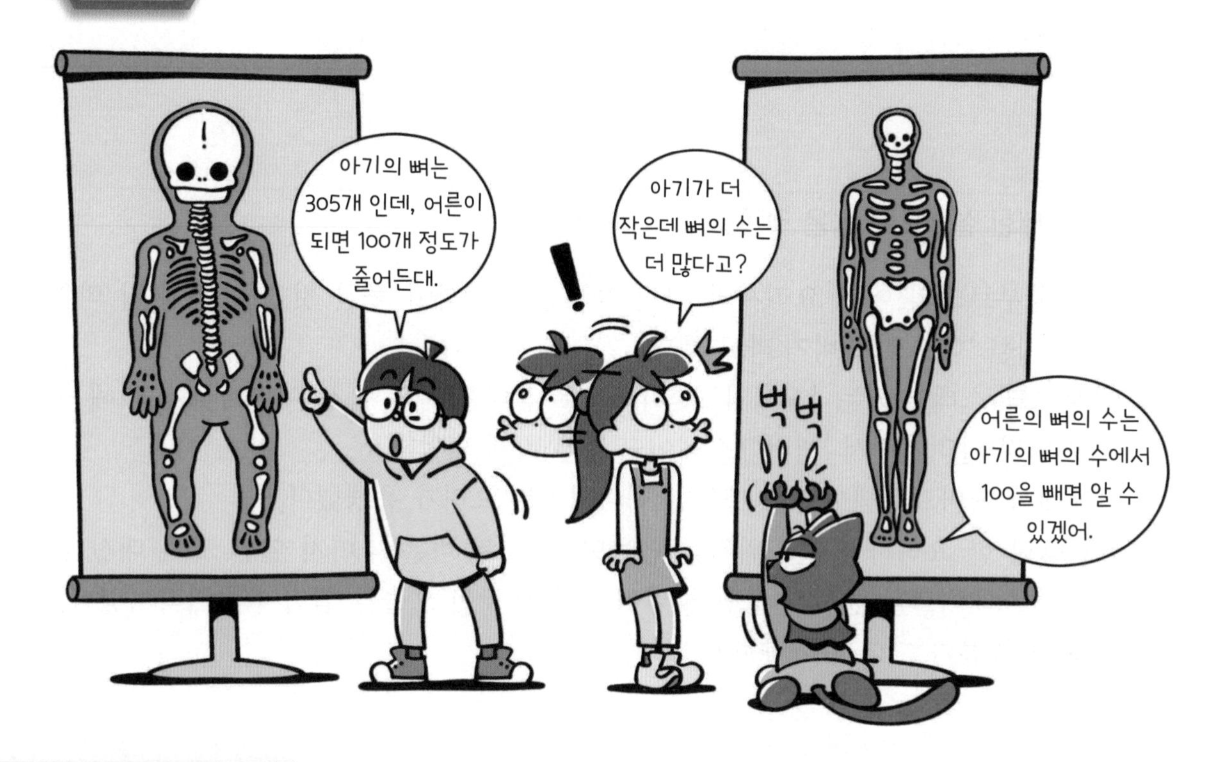

step 1 30초 개념

• 받아내림이 없는 (세 자리 수)−(세 자리 수)의 계산은 같은 자리의 수끼리 빼서 계산합니다.

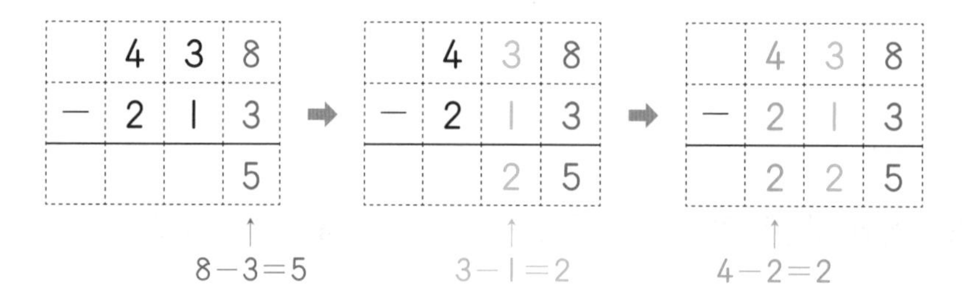

개념 연결

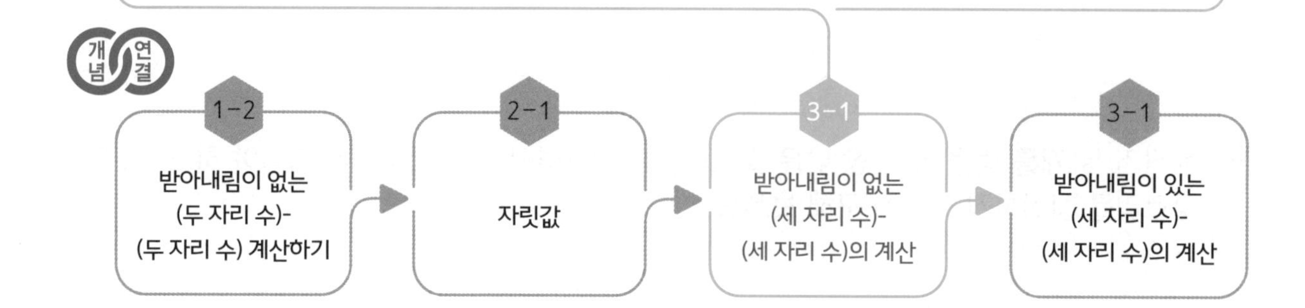

step 2 설명하기

질문 ❶ 438－213을 세로셈으로 계산하고, 그 방법을 순서대로 설명해 보세요.

설명하기 첫째, 각 자리의 숫자를 맞추어 세로로 적습니다.
둘째, 일의 자리끼리 빼서 일의 자리 밑에 적습니다.
셋째, 십의 자리끼리 빼서 십의 자리 밑에 적습니다.
넷째, 백의 자리끼리 빼서 백의 자리 밑에 적습니다.

	4	3	8
－	2	1	3
			5

➡

	4	3	8
－	2	1	3
		2	5

➡

	4	3	8
－	2	1	3
	2	2	5

받아내림이 없는 뺄셈은 백의 자리부터 계산해도 됩니다.

질문 ❷ 438－213을 다양한 방법으로 계산하고, 그 방법을 설명해 보세요.

설명하기 방법 1 400－200＝200, 30－10＝20, 8－3＝5를 차례로 계산하여 더하면 438－213＝225입니다.

방법 2 38－13＝25, 400－200＝200을 차례로 계산하여 더하면 438－213＝225입니다.

방법 3 438－200＝238, 238－10＝228, 228－3＝225이므로 438－213＝225입니다.

1 수 모형을 보고 □ 안에 알맞은 수를 써넣으세요..

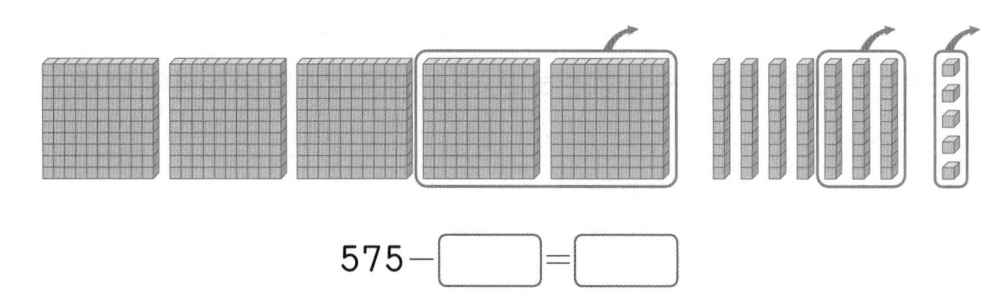

575－□＝□

2 수 모형이 나타내는 수보다 351 작은 수를 구해 보세요.

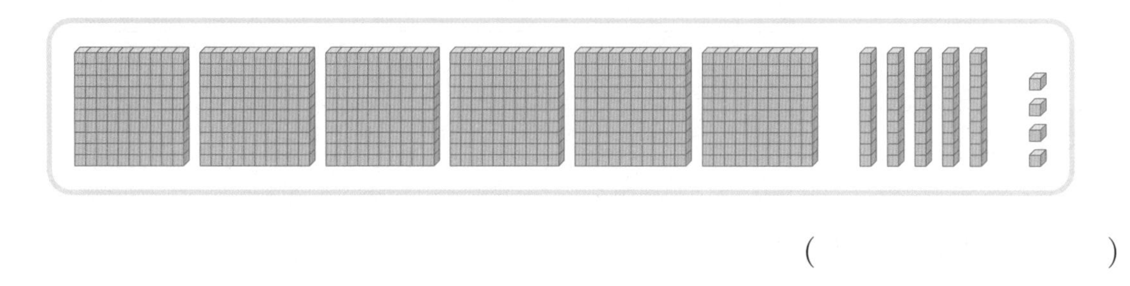

(　　　　　　)

3 계산해 보세요.

(1)
```
   4 9 1
 - 2 8 1
```

(2)
```
   5 9 6
 - 1 8 2
```

(3) 669－127

(4) 539－321

4 선우네 학교의 3학년 학생 수는 377명이고, 그중에서 여학생은 175명입니다. 남학생은 모두 몇 명일까요?

식 ______________

답 ______________

5 계산 결과를 비교하여 ◯ 안에 $>$, $=$, $<$를 알맞게 써넣으세요.

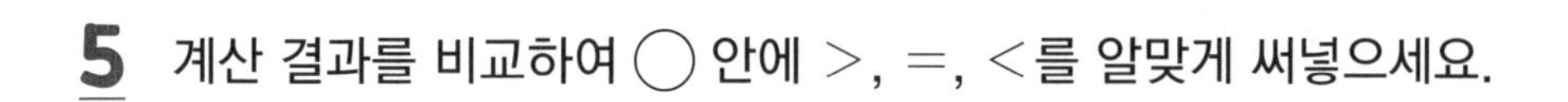

$$864-612 \bigcirc 352-121$$

6 보기 에서 나타내는 수와 215의 차를 구해 보세요.

보기

100이 6개, 10이 5개, 1이 7개인 수

(　　　　　　　　)

step 4 도전 문제

7 □ 안에 공통으로 들어갈 수를 구해 보세요.

$$\begin{array}{r} 8\ 9\ 7 \\ -\ 1\ 4\ \square \\ \hline 7\ \square\ 2 \end{array}$$

(　　　　　　　　)

8 1부터 9까지의 수 중에서 □ 안에 들어갈 수 있는 수를 모두 구해 보세요.

$$\square 78-341>473$$

(　　　　　　　　)

뼈의 수와 관련된 비밀을 밝히다!

나이가 들수록 뼈의 수는 줄어든다?

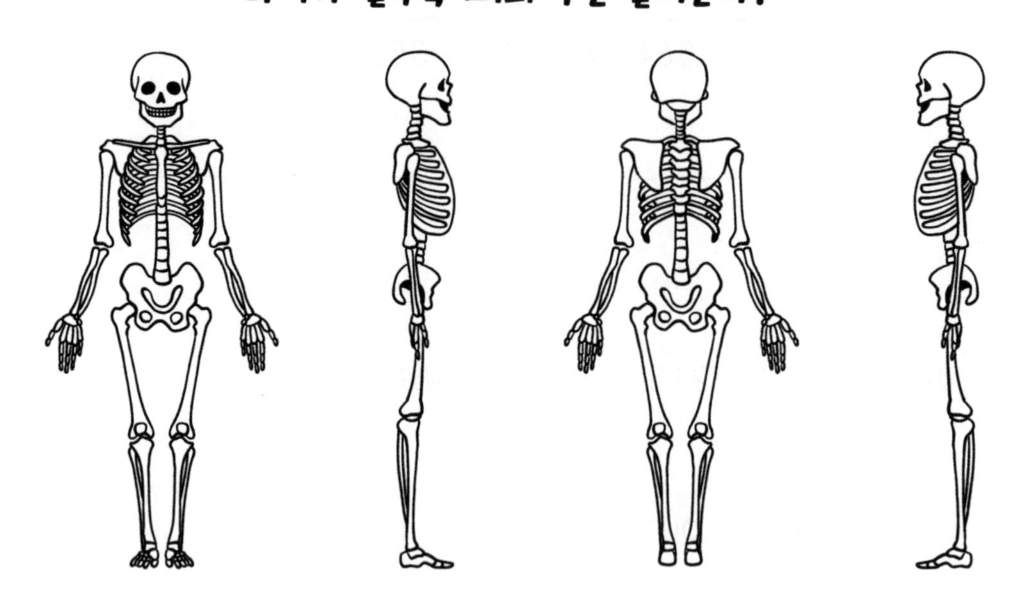

뼈는 몸을 지탱해 줄 뿐만 아니라 뇌와 내장을 보호하는 역할을 한다. 대한해부학회(Korean Association of Anatomists)는 개인마다 개수의 차이가 있긴 하지만 인간은 약 305개의 뼈를 갖고 태어나며, 성장하면서 뼈가 서로 합쳐지기 때문에 이후 100여 개가 줄어든다고 밝혔다. 뼈의 개수에는 머리뼈, 척추 등 몸 안의 모든 뼈가 포함된다. 태아* 상태일 때는 작은 뼈가 800개쯤 되고, 이 역시 성장 중에 서로 융합*한다고 한다. 예를 들어 척추 아래쪽의 엉치뼈와 꼬리뼈는 태어날 때 나뉘어 있다가 점차 융합하여 단단한 구조를 이룬다는 것이다.

사실 뼈 성장은 20대 후반에 멈추지만 뼈의 변형은 지속적으로 진행된다. 나이가 들면 골밀도*가 떨어지고 뼈의 두께가 가늘어지면서 부서지기 쉬운 형태가 된다. 평소 뼈를 튼튼히 하는 데 도움이 되는 칼슘이나 비타민 D, 단백질 등을 충분히 섭취하고, 술, 담배, 카페인 등은 뼈 건강에 해롭다고 하니 이 점에 유의하는 것이 좋겠다.

* **태아**: 어머니 배 속에 있는 아이
* **융합**: 다른 종류의 것이 녹아서 서로 구별이 없게 하나로 합해지는 것
* **골밀도**: 뼈 안에 들어 있는 기질이나 무기질 따위의 양이나 정도로 나타낸 뼈의 밀도

1 빈칸에 알맞은 말을 써넣으세요.

나이가 들수록 뼈의 수는 [ ]

2 뼈에 대한 설명으로 옳지 않은 것은? (　　　　)

① 뼈는 몸을 지탱해 줄 뿐만 아니라 뇌를 보호해 주는 역할을 한다.
② 뼈의 개수는 개인마다 차이가 있다.
③ 성장하면서 뼈가 서로 합쳐진다.
④ 뼈의 성장은 30대 중반에 멈추지만 뼈의 변형은 계속 진행된다.
⑤ 나이가 들면 골밀도가 떨어지고 뼈의 두께가 가늘어진다.

3 태아일 때 뼈의 수와 태어날 때 뼈의 수는 각각 몇 개인지 써 보세요.

태아일 때 뼈의 수 (　　　　　　　　)
태어날 때 뼈의 수 (　　　　　　　　)

4 이 글에서 뼈는 사람이 성장하면서 그 개수가 줄어든다고 했습니다. 성인의 뼈의 수는 약 몇 개인지 구해 보세요.

식 ____________________

답 ____________

5 강아지의 뼈의 수는 319개입니다. 사람(성인)의 뼈의 수와의 차를 구해 보세요.

(　　　　　　　　)

04 받아내림이 있는 (세 자리 수) - (세 자리 수)의 계산

덧셈과 뺄셈

step 1 30초 개념

• 받아내림이 있는 (세 자리 수)−(세 자리 수)의 계산은 같은 자리의 수끼리 빼서 계산하되 빼는 수가 클 때는 받아내림을 합니다.

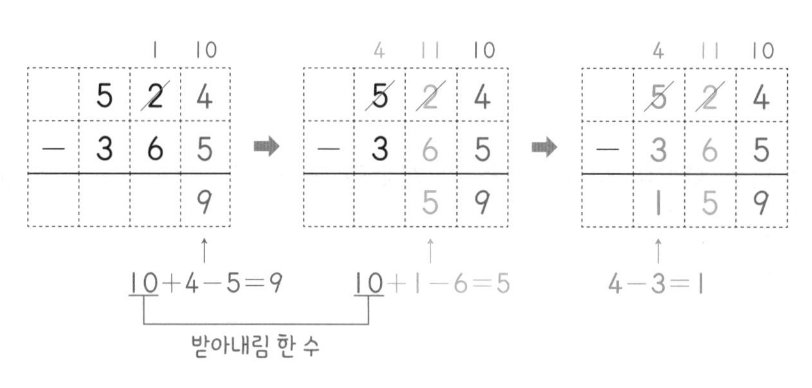

개념 연결

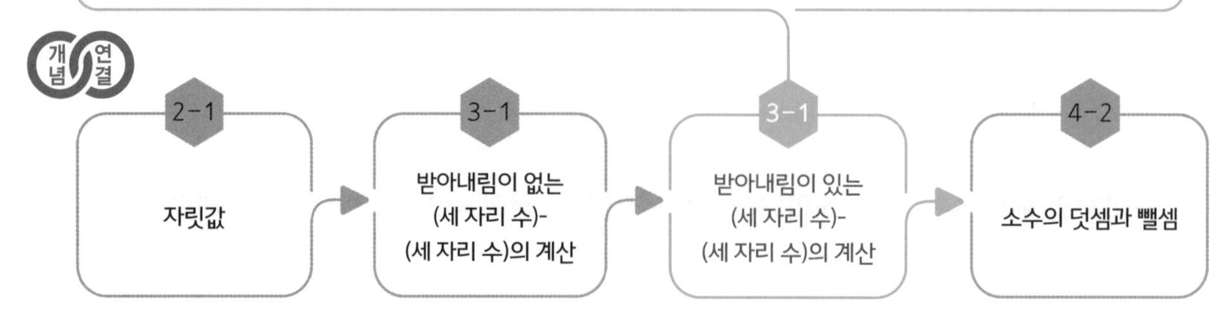

공부한 날 월 일

질문 ❶ 524−365의 결과를 어림하면 얼마쯤 되는지 알아보세요.

설명하기 524는 520으로, 365는 370으로 어림하면 520−370=150이므로 524−365의 결과는 150 정도로 어림할 수 있습니다.

어림할 때 꼭 524는 520으로, 365는 370으로 어림해야 하는 것은 아닙니다. 524는 530으로, 365는 360으로 어림하면 결과는 170 정도로 어림할 수 있습니다. 만약 524는 500으로, 365는 400으로 어림하면 524−365의 결과는 100 정도로 어림할 수 있습니다.

질문 ❷ 524−365를 세로셈으로 계산하고, 그 방법을 순서대로 설명해 보세요.

설명하기 (세 자리 수)−(세 자리 수)를 세로로 계산하는 방법은 다음과 같습니다.

첫째, 각 자리의 숫자를 맞추어 세로로 적습니다.
둘째, 일의 자리끼리 뺄 때 받아내림이 있으면 십의 자리에서 받아내림하여 계산합니다.
셋째, 십의 자리끼리 뺄 때 받아내림이 있으면 백의 자리에서 받아내림하여 계산합니다.

		1	10
	5	~~2~~	4
−	3	6	5
			9

➡

	4	11	10
	~~5~~	~~2~~	4
−	3	6	5
		5	9

➡

	4	11	10
	~~5~~	~~2~~	4
−	3	6	5
	1	5	9

1 □ 안에 알맞은 수를 써넣으세요.

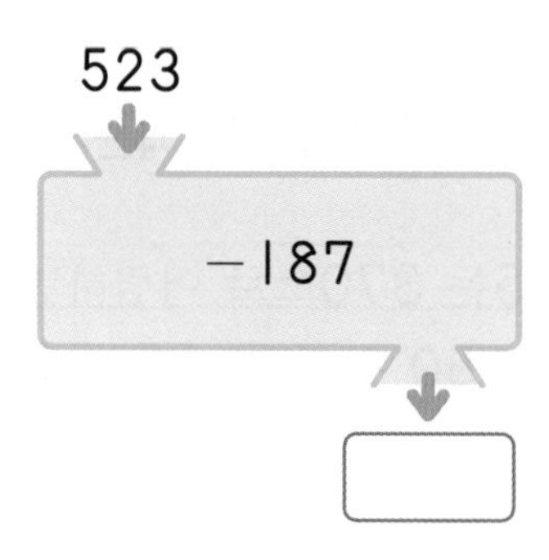

2 계산해 보세요.

(1)
$$\begin{array}{r} 541 \\ -\ 281 \\ \hline \end{array}$$

(2)
$$\begin{array}{r} 336 \\ -\ 182 \\ \hline \end{array}$$

(3) 642−365

(4) 513−325

3 □ 안에 알맞은 수를 써넣으세요.

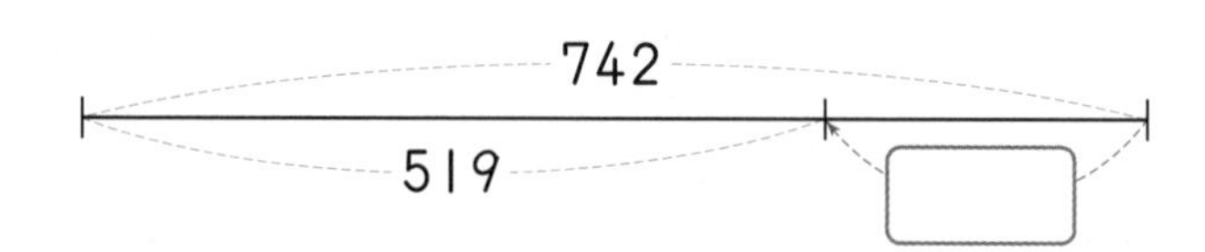

4 관계있는 것끼리 선으로 이어 보세요.

438−275 •	• 65
258−193 •	• 163
543−186 •	• 357

5 시은이와 선우가 달리기를 하는데, 시은이는 493 m를, 선우는 615 m를 달렸습니다. 선우는 시은이보다 몇 m를 더 달렸을까요?

(　　　　　　　　)

6 계산이 잘못된 곳을 찾아 이유를 쓰고, 바르게 계산해 보세요.

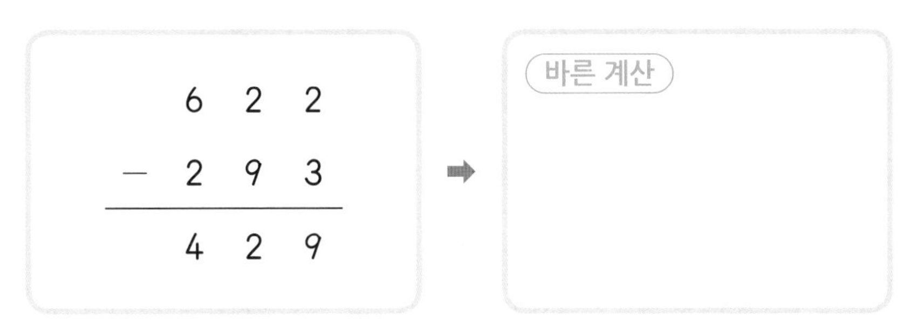

이유

step 4 도전 문제

7 어떤 수에 645를 더해야 할 것을 잘못하여 546을 더했더니 924가 되었습니다. 바르게 계산하면 얼마일까요?

(　　　　　　　　)

8 4장의 수 카드 0, 3, 6, 7 중 3장을 뽑아 한 번씩만 사용하여 만들 수 있는 가장 큰 세 자리 수와 가장 작은 세 자리 수의 차는 얼마인지 식으로 나타내고 계산해 보세요.

식 ________________

답 ________________

비행기에도 아파트처럼 층수가 있다

비행기 중에는 2층짜리가 있다.

A380이 바로 그것이다.

에어버스사에서 개발한 A380은 지금까지 인류가 만든 여객기* 가운데 가장 큰 비행기로, 최대 840명을 태울 수 있다.

▲ A380

이는 A380이 개발되기 전까지 가장 큰 여객기였던 1층짜리 보잉 747의 최대 탑승 인원인 416명의 2배 이상 되는 규모다.

참고로, 우리나라 대한항공 비행기는 좌석 수가 138석에서 407석에 이르기까지 그 크기가 다양하다.

비행기 중에는 3층짜리도 있다. 스페인 디자이너 오스카 비날스가 디자인한 세계 최대 항공기 '하늘 고래'가 그것이다. 하늘 고래는 날개 길이가 88 m, 동체* 길이가 77 m인 3층 규모의 여객기다. 작고 좁은 활주로에도 무리 없이 착륙할 수 있도록 최대 45도까지 기울어지는 것이 큰 특징이다.

그 밖에 날개 부분에 문제가 생기면 승객석과 자동 분리되도록 설계되어 있고 비상 착륙 시스템도 기존 여객기보다 우수해 안전 부문에서도 큰 경쟁력을 가진다고 한다.

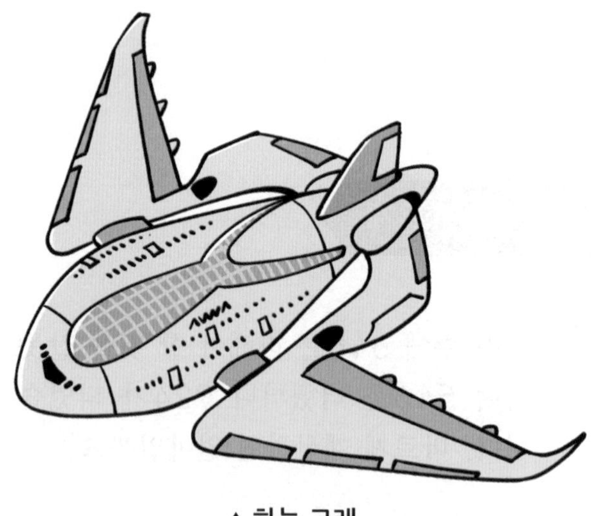

▲ 하늘 고래

비날스는 "하늘 고래는 21세기형 타이타닉*"이라며 "가장 거대하면서도 효율적인 친환경 여객기의 모델이 될 것"이라고 말했다. 하지만 2014년에 발표된 이 디자인은 아직 실제로 구현되어 만들어지지는 않은 것으로 알려져 있다.

* **여객기**: 사람을 나르기 위한 비행기
* **동체**: 항공기의 날개와 꼬리를 제외한 중심 부분
* **타이타닉**: 1912년에 만들어진 당시 최고 크기의 여행용 배

1 다음 비행기의 층수를 써 보세요.

하늘 고래 (　　　　　), A380 (　　　　　), 보잉 747 (　　　　　)

2 다음 중 '하늘 고래'에 대한 설명으로 옳지 않은 것은? (　　　)

① 날개 길이가 88 m, 동체 길이가 77 m이다.
② 스페인 디자이너 오스카 비날스가 디자인했다.
③ 크기가 크기 때문에 좁은 활주로에는 착륙하기가 어렵다.
④ 날개 부분에 문제가 생기면 승객석과 날개가 자동 분리되도록 설계되었다.
⑤ 아직 실제로 디자인이 구현되어 만들어지지 않았다.

3 우리나라 대한항공 비행기의 최대 좌석 수와 최소 좌석 수의 차이는 얼마일까요?

식 ____________________

답 ____________________

4 A380의 최대 탑승 인원은 대한항공 비행기 중에서 가장 많은 좌석 수를 가진 비행기의 최대 탑승 인원보다 몇 명 더 많은지 구해 보세요.

식 ____________________

답 ____________________

5 A380의 최대 탑승 인원은 보잉 747의 최대 탑승 인원보다 몇 명 더 많은지 구해 보세요.

식 ____________________

답 ____________________

step 1 30초 개념

- 선은 곧은 선과 굽은 선으로 분류됩니다.
- 곧은 선에는 선분, 반직선, 직선이 있습니다.

선분	반직선	직선
두 점을 곧게 이은 선 ㄱ ㄴ 선분 ㄱㄴ 또는 선분 ㄴㄱ	한 점에서 시작하여 한쪽으로 끝없이 늘인 곧은 선 ㄱ ㄴ 반직선 ㄱㄴ ㄱ ㄴ 반직선 ㄴㄱ	선분을 양 끝으로 끝없이 늘인 곧은 선 ㄱ ㄴ 직선 ㄱㄴ 또는 직선 ㄴㄱ

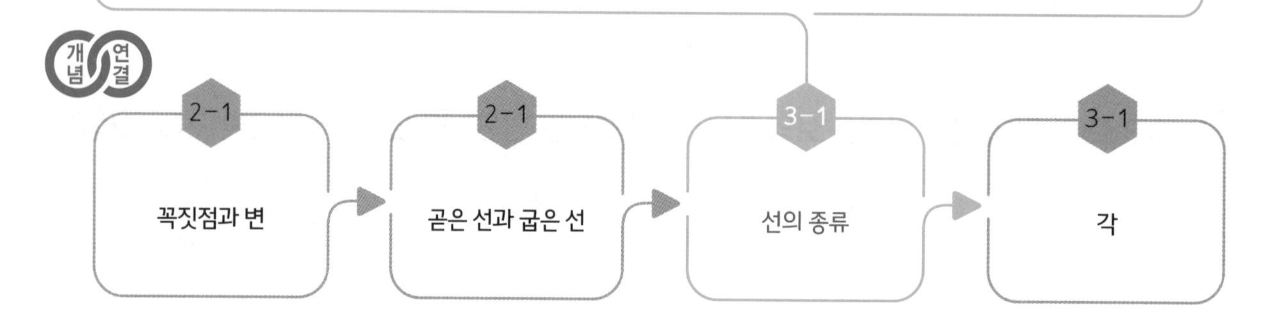

step 2 설명하기

질문 ❶ 도형의 이름을 쓰고, 읽는 방법을 설명해 보세요.

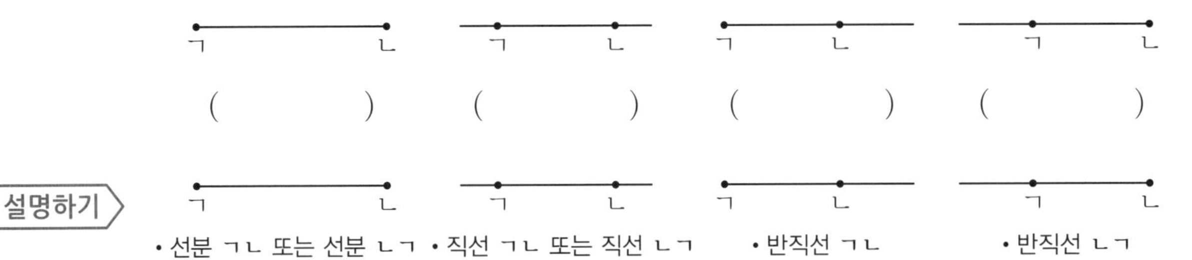

설명하기

• 선분 ㄱㄴ 또는 선분 ㄴㄱ • 직선 ㄱㄴ 또는 직선 ㄴㄱ • 반직선 ㄱㄴ • 반직선 ㄴㄱ

선분과 직선은 점의 순서에 관계없이 이름을 붙일 수 있지만, 반직선은 시작점을 분명히 해야 합니다. 위 그림에서 선분 ㄱㄴ은 선분 ㄴㄱ으로 순서를 바꿔 읽어도 상관없습니다. 마찬가지로 직선 ㄱㄴ도 직선 ㄴㄱ으로 순서를 바꿔 읽을 수 있습니다. 그런데 반직선 ㄱㄴ과 반직선 ㄴㄱ은 서로 다른 반직선을 나타냅니다. 따라서 시작점을 분명히 하여 시작점에서 늘이는 방향으로 점을 읽어야 합니다.

질문 ❷ 두 점 ㄱ, ㄴ을 지나는 직선은 모두 몇 개인지 직접 그려 보세요.

설명하기 두 점 ㄱ, ㄴ을 동시에 지나는 직선은 오직 하나입니다.

점과 선은 무슨 뜻일까요? 점은 크기가 없이 자리, 즉 위치만 나타냅니다. 선은 폭이 없이 길이만 나타냅니다. 선분의 양 끝은 점이고, 직선은 끝없이 그려지는 선입니다.

1 다음을 곧은 선과 굽은 선으로 분류하여 기호를 써 보세요.

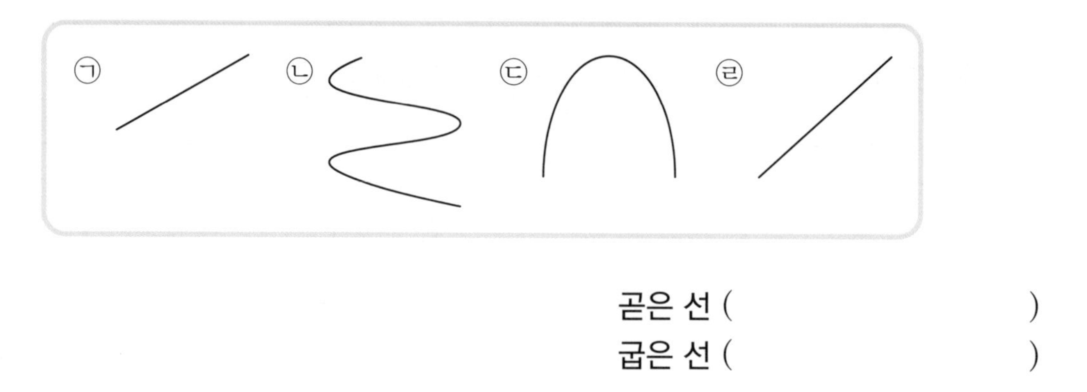

곧은 선 ( )
굽은 선 ( )

2 직선을 찾아 ○표 해 보세요.

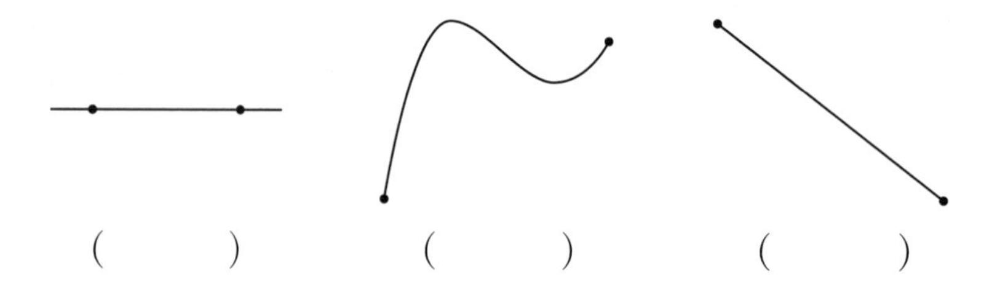

( ) ( ) ( )

3 반직선을 찾아 ○표 해 보세요.

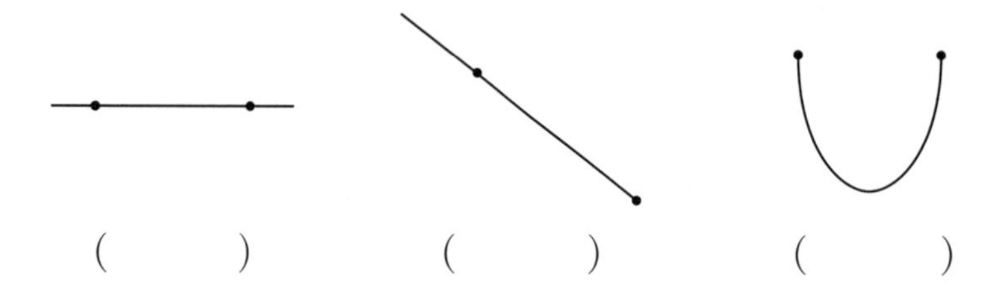

( ) ( ) ( )

4 두 점 ㄱ, ㄴ을 이용하여 반직선 ㄱㄴ을 그어 보세요.

5 관계있는 것끼리 선으로 이어 보세요.

두 점을 곧게 이은 선 •		• 반직선
한 점에서 시작하여 한쪽으로 끝없이 늘인 곧은 선 •		• 선분
선분을 양쪽으로 끝없이 늘인 곧은 선 •		• 직선

6 점 ㅇ과 다른 한 점을 이어서 만들 수 있는 선분은 모두 몇 개인지 구해 보세요.

( )

7 주어진 4개의 점 중에서 2개를 이어서 그릴 수 있는 직선은 모두 몇 개인지 구해 보세요.

( )

빛의 성질*

* **성질**: 사물이나 현상이 가지고 있는 고유의 특성
* **광합성**: 녹색식물이 빛 에너지를 이용하여 영양분을 만들어 내는 과정

1 대화의 마지막에 겨울이가 '빛이 이렇게 나아간다'고 했습니다. 빛의 어떤 성질을 말한 것인지 빈칸에 알맞은 말을 써넣으세요.

빛은 ☐☐ 나아간다.

2 빛이 없으면 일어날 일에 대한 설명으로 옳은 것을 모두 골라 기호를 써 보세요.

㉠ 사람이 아무것도 볼 수 없다.
㉡ 식물이 광합성을 할 수 없다.
㉢ 동물들은 상관이 없다.
㉣ 모든 생명체가 위험해진다.

( )

3 다음 물음에 대하여 보기 에서 알맞은 답을 찾아 써 보세요.

보기
직선 곡선 반직선 선분

(1) 빛은 구불구불하지 않고 곧게 나아간다고 했습니다. 구불구불한 선의 이름은 무엇인지 써 보세요.

( )

(2) 빛이 나아가는 모습을 선으로 나타내면 무엇이 되는지 써 보세요.

( )

4 빛이 나아가는 모습을 선으로 나타내어 보세요.

06 각이란 무엇인가?

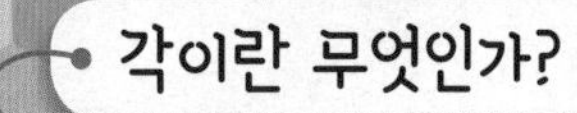

평면도형

* **동상이몽**: '같은 침상에서 서로 다른 생각을 한다.'는 말로 같이 행동하면서 서로 다른 생각을 한다는 뜻입니다.

step 1 30초 개념

- 한 점에서 그은 두 반직선으로 이루어진 도형을 각이라고 합니다.
- 오른쪽 그림의 각을 각 ㄱㄴㄷ 또는 각 ㄷㄴㄱ이라 하고, 이때 점 ㄴ을 각의 꼭짓점이라고 합니다.
- 반직선 ㄴㄱ과 반직선 ㄴㄷ을 각의 변이라 하고, 이 변을 변 ㄴㄱ과 변 ㄴㄷ이라고 합니다.

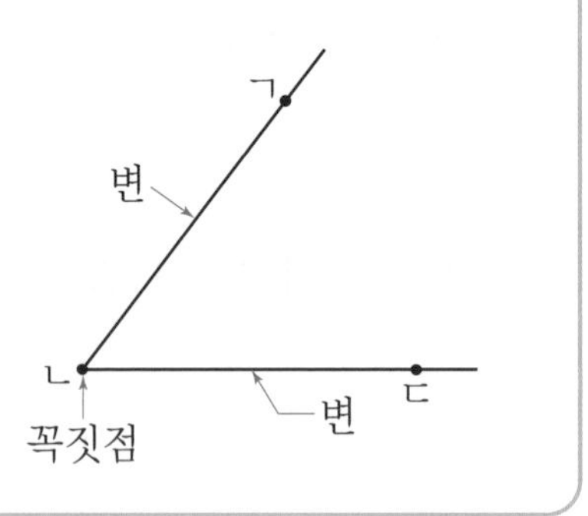

개념 연결

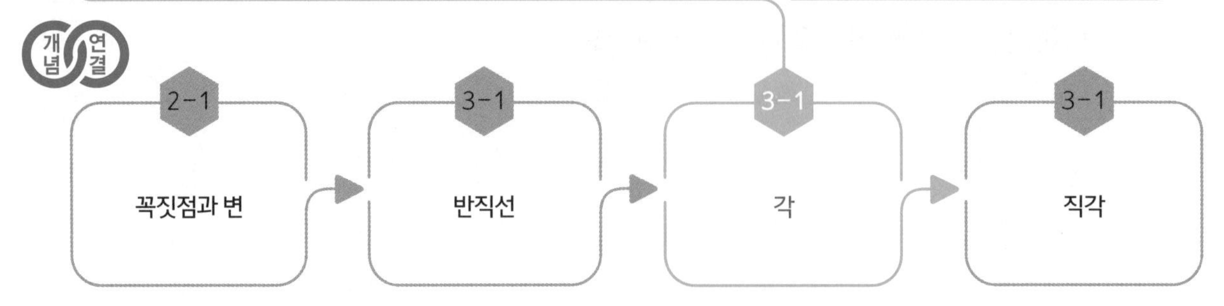

step 2 설명하기

질문 ❶ 각의 이름을 말하고, 그 방법을 설명해 보세요.

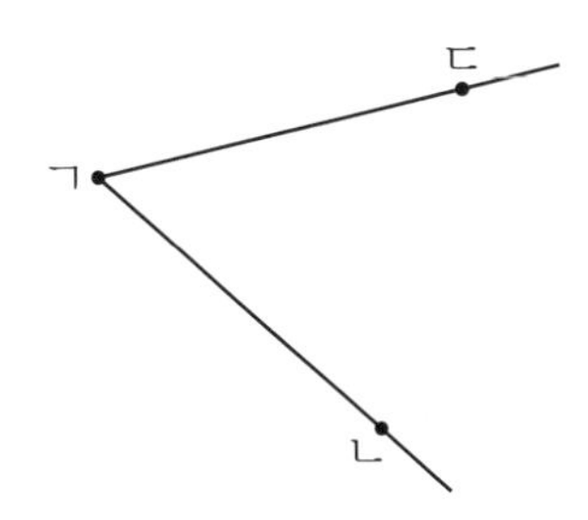

설명하기 각의 꼭짓점이 ㄱ인 각의 이름을 말할 때는 두 점 ㄴ과 ㄷ 사이에 반드시 꼭짓점 ㄱ을 두어 각 ㄴㄱㄷ 또는 각 ㄷㄱㄴ이라고 합니다.

질문 ❷ 도형의 이름을 쓰고, 이름과 각의 개수 사이의 관계를 설명해 보세요.

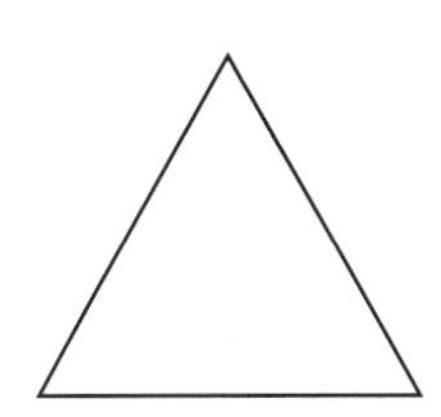
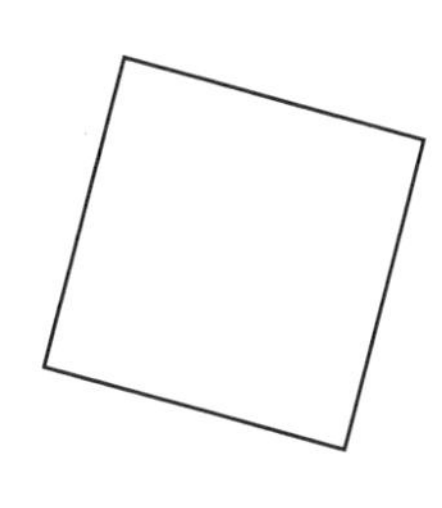
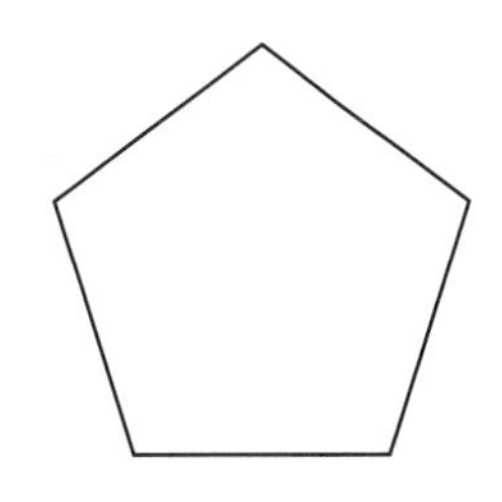
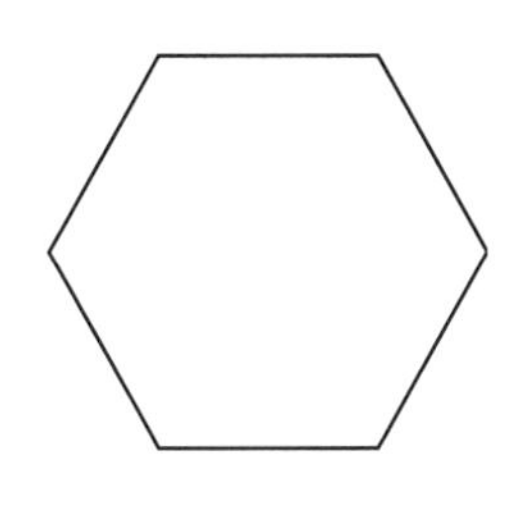

설명하기 네 도형의 이름은 차례로 삼각형, 사각형, 오각형, 육각형입니다.
네 도형에는 각각 각이 3개, 4개, 5개, 6개 있습니다. 도형의 이름에 각의 개수가 들어 있는 것과 같습니다.

1 다음 도형에 대한 설명 중 잘못된 것을 찾아 기호를 써 보세요.

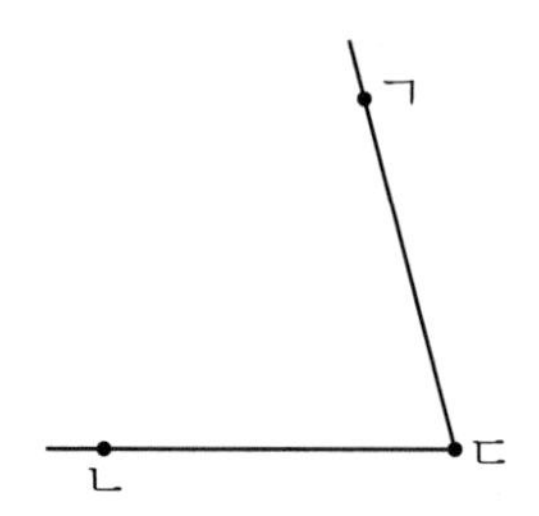

㉠ 꼭짓점은 2개입니다.
㉡ 변은 2개입니다.
㉢ 각 ㄱㄷㄴ이라고 읽습니다.
㉣ 꼭짓점은 점 ㄷ입니다.

( )

2 각에 대한 설명이 맞으면 ○표, 틀리면 ×표 해 보세요.

(1) 각의 두 변은 직선입니다. ( )

(2) 다각형의 이름으로 각의 개수를 알 수 있습니다. ( )

(3) 각에는 변과 꼭짓점이 있습니다. ( )

3 각 ㄴㄷㄹ을 그려 보세요.

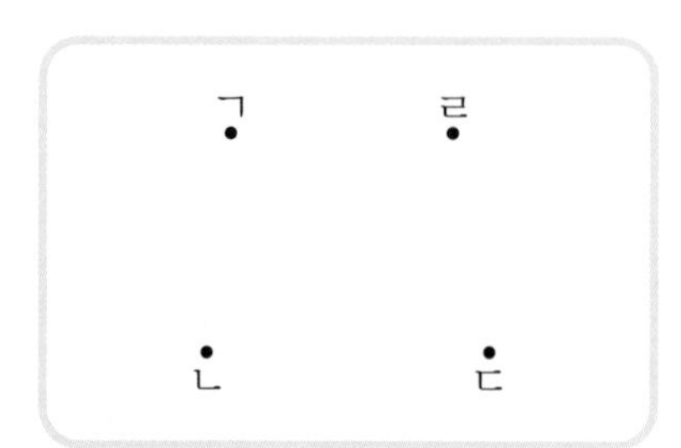

4 각이 있는 도형을 찾아 ○표 해 보세요.

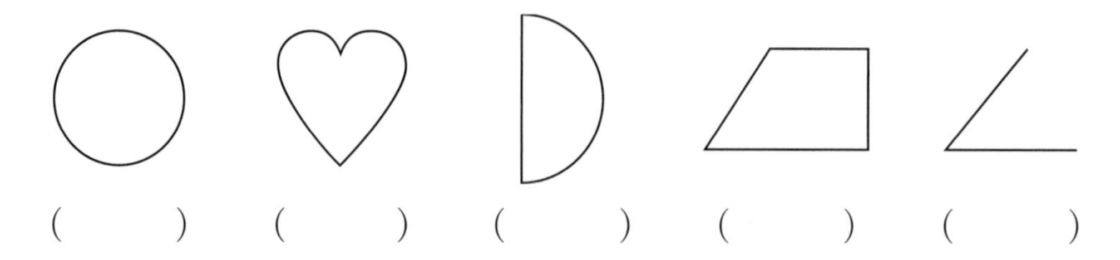

( ) ( ) ( ) ( ) ( )

5 각이 가장 많은 도형부터 차례로 기호를 써 보세요.

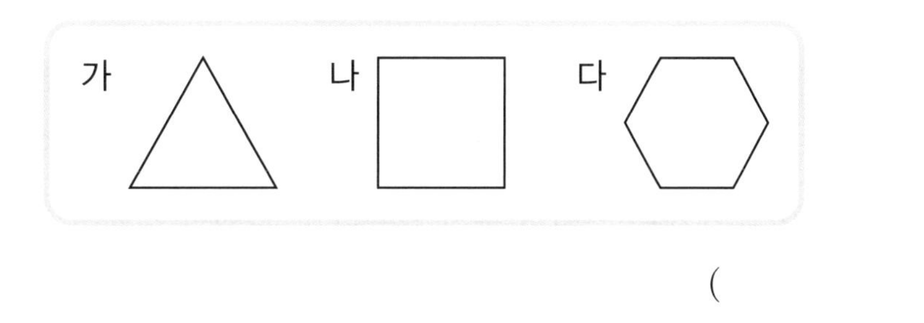

( )

6 다음 도형에서 각을 모두 찾아 그 개수가 각각 몇 개인지 설명해 보세요.

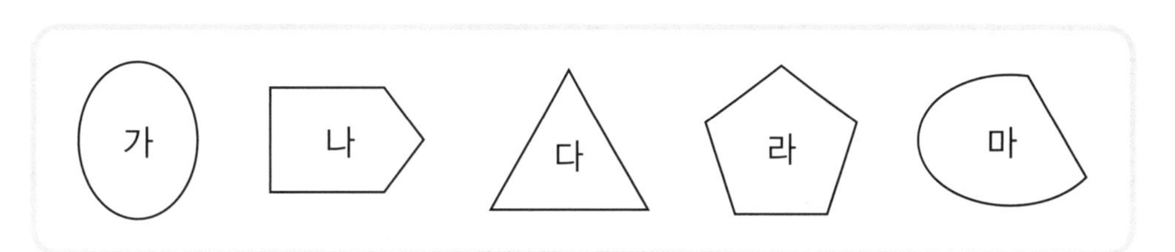

설명

step 4 도전 문제

7 다음 도형이 각인지 아닌지 쓰고 그 이유를 써 보세요.

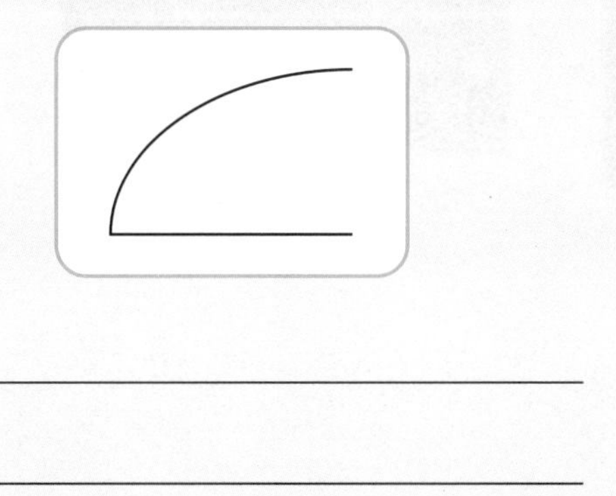

8 다음 도형에서 찾을 수 있는 각을 모두 써 보세요.

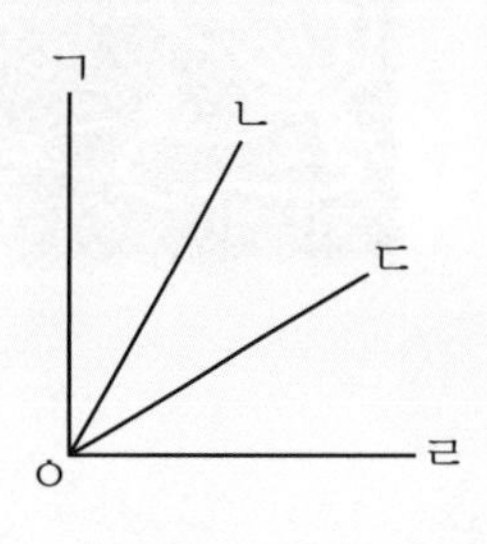

사자자리 이야기

아주 옛날 하늘이 혼란스러운 때 별들은 자리를 떠나고 자주 혜성이 나타났다. 달에서는 유성 하나가 황금 사자의 모습으로 네메아* 골짜기에 떨어졌다. 이 사자는 지구의 사자보다 훨씬 컸고, 성질도 포악했다. 사람과 가축을 물어 죽이는 일이 잦아 네메아 사람들에게 많은 고통을 주었다. '네메아의 사자는 영원히 죽지 않는다'고 말했던 것에서 그 기세*가 어느 정도였는지 짐작할 수 있다.

그 당시 제우스와 알크메네 사이에서 태어난 헤라클레스는 헤라의 미움을 받아 12가지 모험을 해야 했다. 그중 첫 번째가 네메아 골짜기의 사자를 죽이는 일이었다. 헤라클레스는 그리스 신화에 나오는 유명한 영웅으로 힘이 무척 셌다.

헤라클레스는 활과 창, 방망이 등 여러 무기를 사용하여 사자와 싸웠다. 사자의 힘은 대단했고, 헤라클레스 역시 지지 않았다. 그렇게 한 달 넘게 싸우던 헤라클레스는 무기를 버리고 사자와 뒤엉켜 생사*를 가르는 격투를 벌였고, 끝내 사자를 물리쳤다.

네메아 지방 사람들은 사자의 공포에서 벗어나 평온을 되찾았고, 헤라클레스는 어떠한 무기로도 뚫을 수 없었던 사자의 가죽을 얻었다. 그는 이 사자의 가죽을 몸에 걸치고 그 머리를 헬멧으로 삼았다고 한다. 이에 제우스는 아들 헤라클레스의 용맹을 기리기 위해 사자를 하늘의 별자리로 만들었다.

▲ 사자자리

* **네메아**: 그리스 펠로폰네소스반도 북동부에 있는 유적지
* **기세**: 남에게 영향을 끼칠 기운이나 태도
* **생사**: 삶과 죽음

1 다음 중 각인 것은? (　　　　)

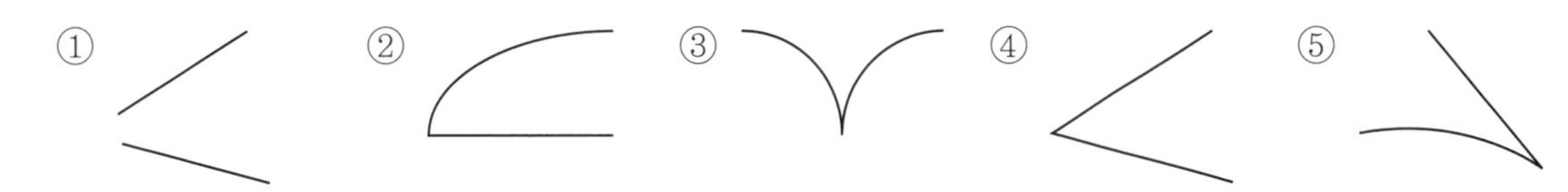

2 사자자리에서 다음과 같이 표시된 부분들을 무엇이라고 할 수 있을까요?

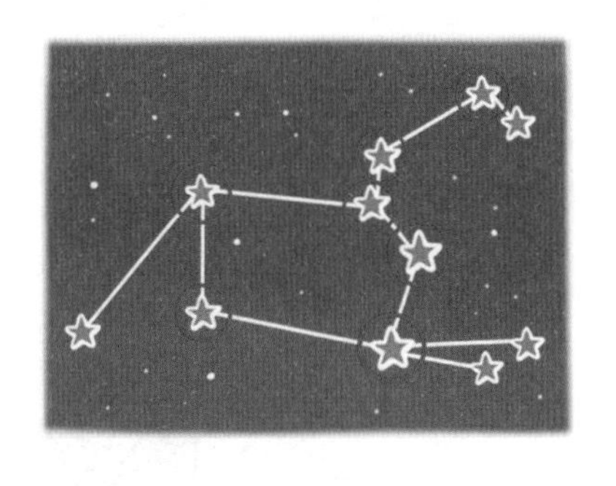

(　　　　　　　　　　)

3 다음 별자리에서 각을 찾아 ○표 해 보세요.

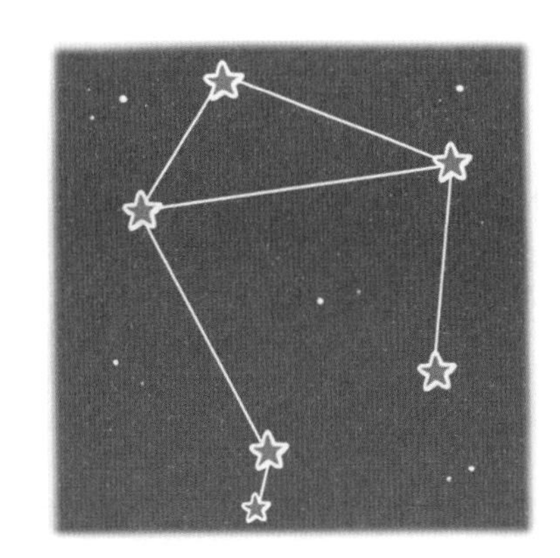

4 헤라클레스가 네메아의 사자를 물리친 방법으로 알맞은 것은? (　　　　)

① 지나가는 사람의 도움을 받았다.
② 창과 칼을 이용했다.
③ 활을 이용했다.
④ 아버지 제우스의 도움을 받았다.
⑤ 사자와 뒤엉켜 격투를 벌였다.

5 제우스는 왜 사자자리를 하늘의 별자리로 만들었는지 그 이유를 설명해 보세요.

____

직각

step 1 30초 개념

• 그림과 같이 종이를 반듯하게 두 번 접었을 때 생기는 각을 직각이라고 합니다.

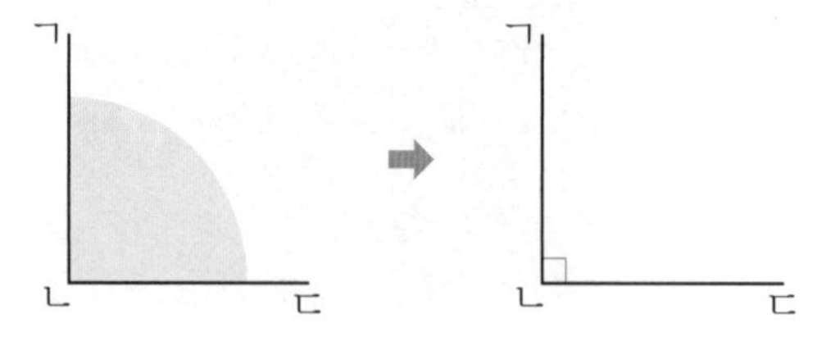

직각 ㄱㄴㄷ을 나타낼 때는 꼭짓점 ㄴ에 ∟ 표시를 합니다.

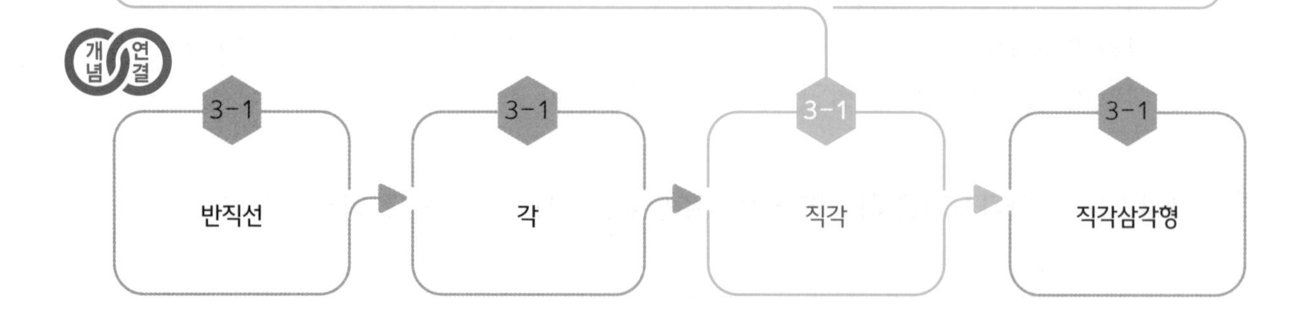

step 2 설명하기

질문 ❶ 종이를 접어서 직각을 만드는 방법을 설명하고 그 과정을 그림으로 그려 보세요.

설명하기 종이를 반듯하게 두 번 접으면 직각을 만들 수 있습니다.

① 종이를 반듯하게 한 번 접으면 평평한 각이 나옵니다.

② 다시 한 번 더 반듯하게 접으면 양쪽의 각의 똑같아지므로 그 절반인 각이 나옵니다. 이 절반인 각을 직각이라고 합니다.

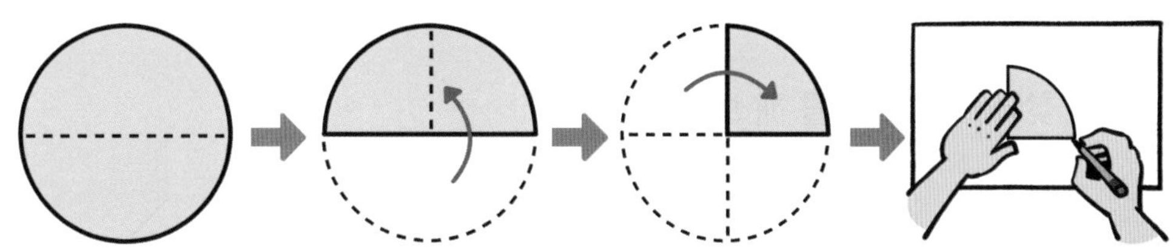

두 번째 그림과 같이 평평한 것도 각이라고 할 수 있습니다. 이것은 평각이라고 합니다. 아직 배우지 않았지만 평각의 크기는 180°이며, 직각의 크기는 그 절반인 90°입니다.

질문 ❷ 시계의 긴바늘과 짧은바늘이 이루는 각의 크기를 직각을 기준으로 설명해 보세요.

설명하기 시계의 긴바늘과 짧은바늘이 이루는 각은 시계의 가운데 점을 꼭짓점으로 하여 두 반직선이 각을 이룬 것으로 볼 수 있습니다.

정각 3시와 9시일 때 두 바늘이 이루는 각은 직각입니다.

6시 40분일 때 두 바늘이 이루는 각은 직각보다 작습니다.

4시 45분일 때 두 바늘이 이루는 각은 직각보다 큽니다.

step 3 개념 연결 문제

1 그림과 같이 종이를 두 번 접었을 때 생기는 각을 무엇이라고 할까요?

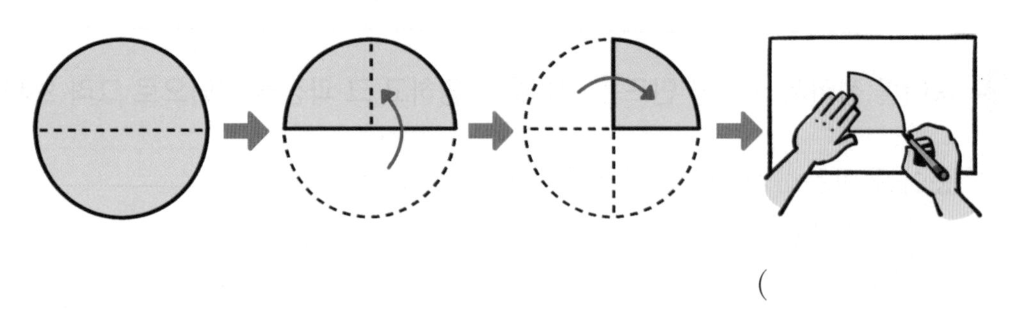

( )

2 직각을 찾아 ∟ 표시를 해 보세요.

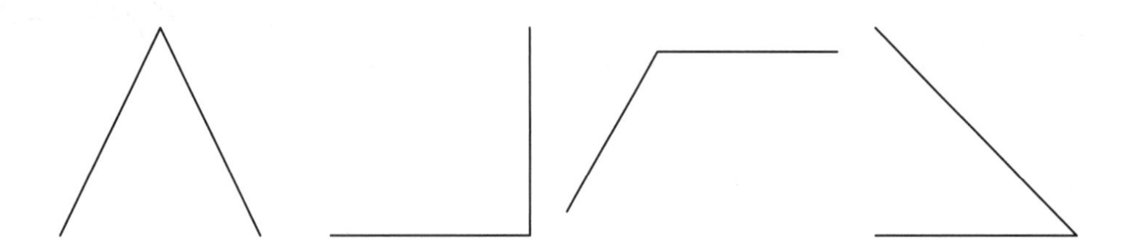

3 직각이 있는 도형을 찾아 ○표 해 보세요.

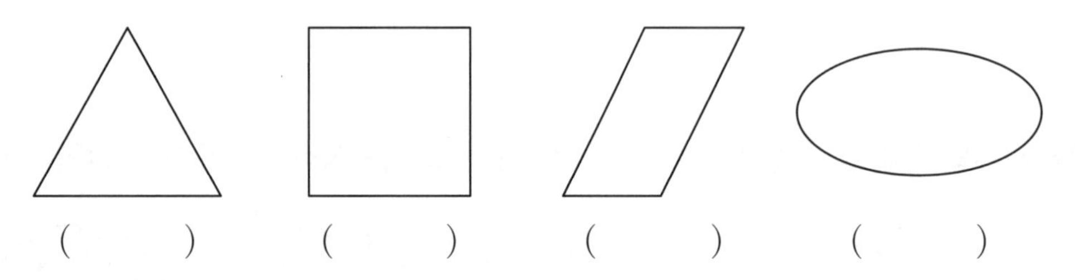

( ) ( ) ( ) ( )

4 다음 도형에서 직각이 몇 개인지 찾아 그 수를 각각 써 보세요.

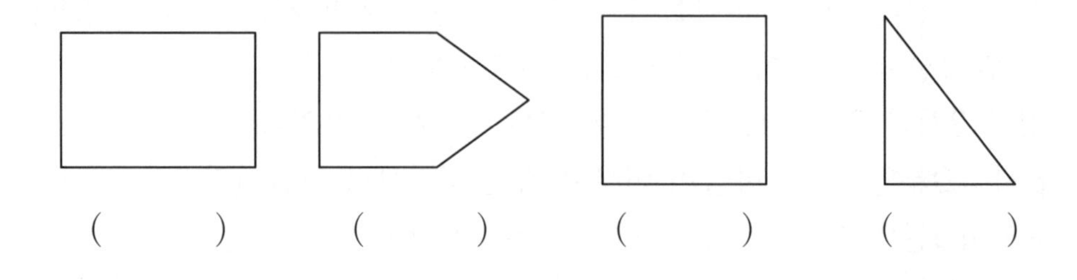

( ) ( ) ( ) ( )

5 주어진 직선을 이용하여 직각을 그려 보세요.

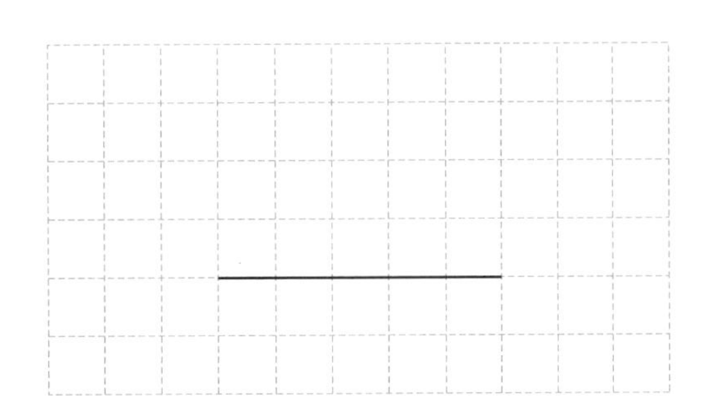

6 점 ㄱ에서 선을 그었을 때 직각이 그려지는 점은? (   )

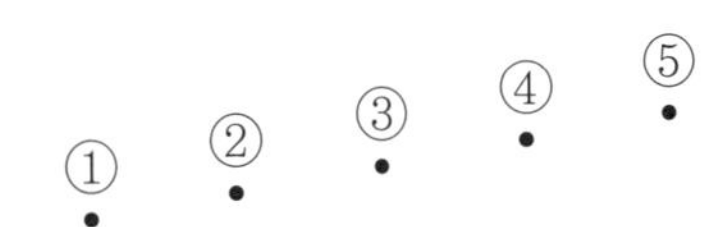

step 4 도전 문제

7 도형에서 직각은 모두 몇 개일까요?

(   )

8 다음 중에서 시계의 긴바늘과 짧은바늘이 직각을 이루는 시각을 찾아 ○표 해 보세요.

6:00 7:00 8:00

하늘에서 우리가 사는 공간을 본다면?

하늘에서 도시를 내려다보면 어떤 모습일까? 일단 주택가의 모습은 오른쪽과 같을 것이다.

대부분이 반듯반듯한 네모 모양이기 때문에 직각이 아주 많이 보인다. 주택을 이렇게 반듯하게 짓는 이유는 도시 공간*을 활용*하기 위해서이다.

최근에는 이런 반듯한 건물 사이의 좁은 공간을 활용하는 자투리 주택이 등장하기도 했다. 오른쪽 사진이 10평 남짓한 공간을 활용하여 건물을 지은 경우이다. 반듯한 모양이 되기는 어렵겠지만, 도시의 빈 공간은 잘 활용할 수 있다.

그렇다면 아파트는 어떻게 보일까? 이때도 직각이 많이 보인다. 특히 앞에서 보면 반듯한 모양이 더욱 두드러진다.

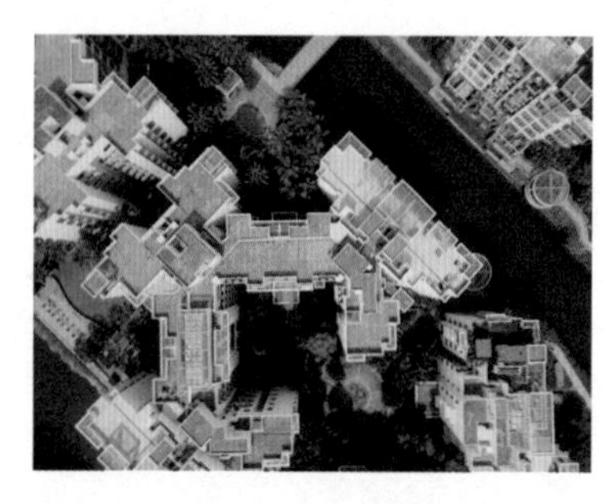

세계 여러 나라의 다양한 도시의 모습도 크게 다르지 않다. 왼쪽은 크로아티아 두브로브니크, 오른쪽은 스페인 마드리드의 사진이다. 여기서도 직각을 많이 볼 수 있다.

▲ 크로아티아 두브로브니크

▲ 스페인 마드리드

* **공간**: 아무것도 없는 빈 곳
* **활용**: 잘 이용하는 것

1 하늘에서 본 모습에 알맞은 장소를 선으로 이어 보세요.

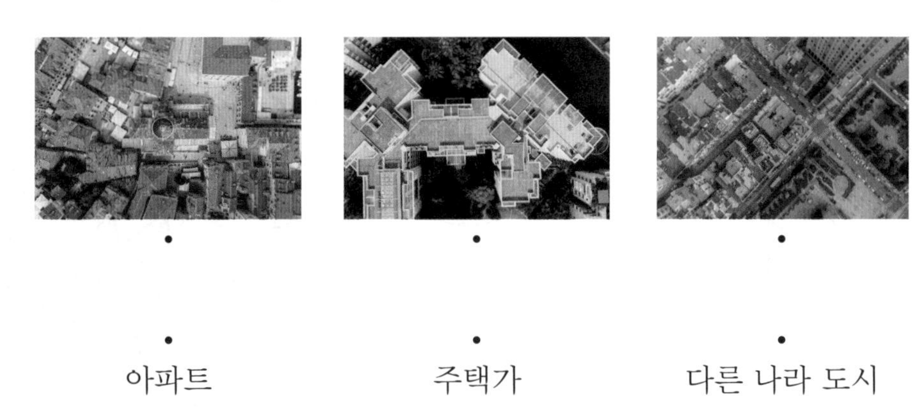

2 다음 중 직각인 것을 찾아 기호를 써 보세요.

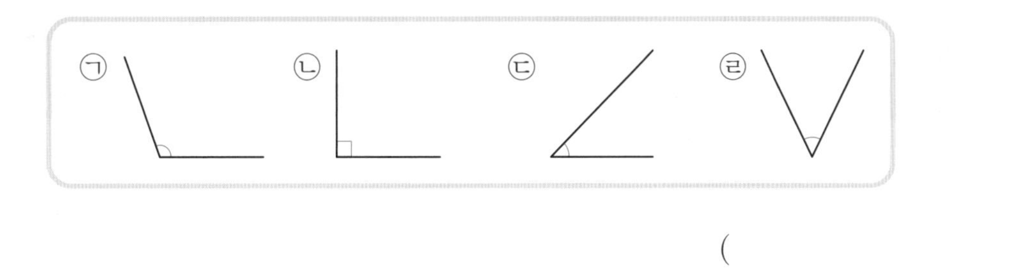

( )

3 다음 자투리 주택에서 직각을 찾아 ⦜ 로 표시해 보세요.

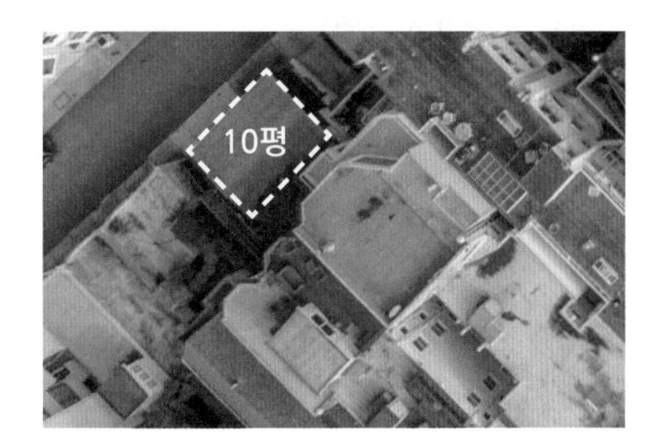

4 자투리 주택의 장점은 무엇인지 써 보세요.

장점 ______________________________

5 내 주변에서 직각을 찾을 수 있는 곳은 어디인지 써 보세요.

____

직각삼각형, 직사각형, 정사각형

step 1 30초 개념

- 직각삼각형: 한 각이 직각인 삼각형
- 직사각형: 네 각이 모두 직각인 사각형
- 정사각형: 네 각이 모두 직각이고, 네 변의 길이가 모두 같은 사각형

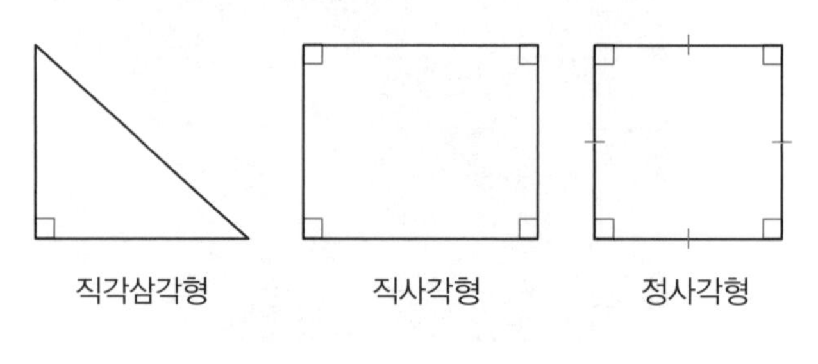

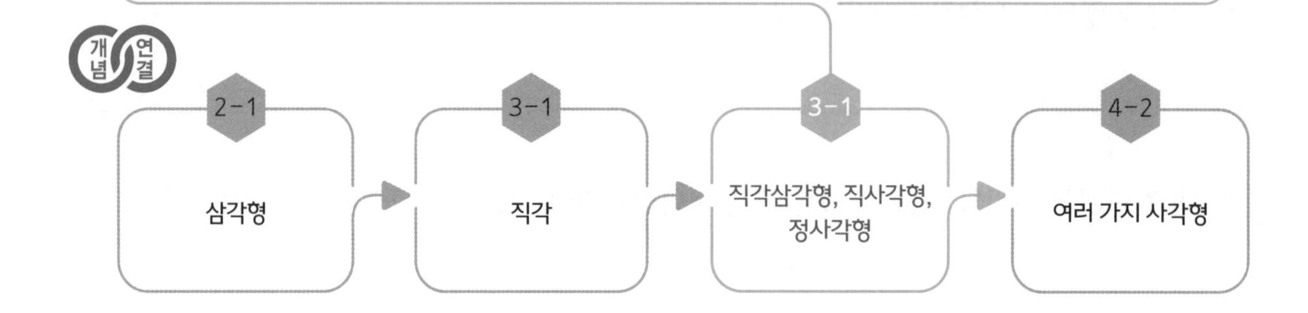

공부한 날 월 일

step 2 설명하기

질문 ❶ 사각형을 직각의 수로 분류하고 직사각형을 모두 찾아 기호를 써 보세요.

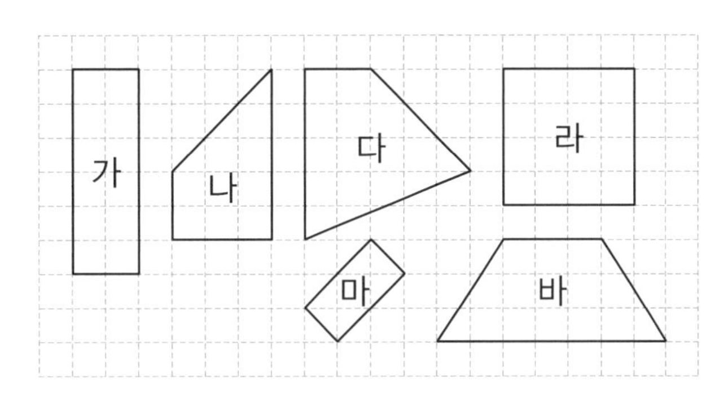

설명하기 사각형을 직각의 수로 분류하면 다음과 같습니다.

직각의 수	0개	1개	2개	3개	4개
기호	바	다	나		가, 라, 마

직사각형은 네 각이 모두 직각인 사각형이므로 가, 라, 마입니다.

질문 ❷ 칠교판에서 직각삼각형, 직사각형, 정사각형을 모두 찾아 보세요.

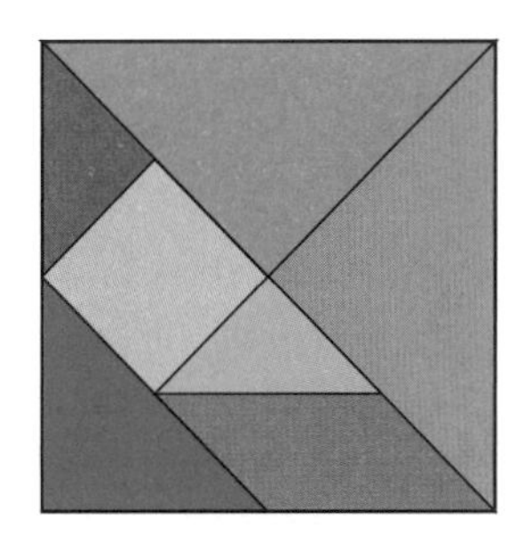

설명하기

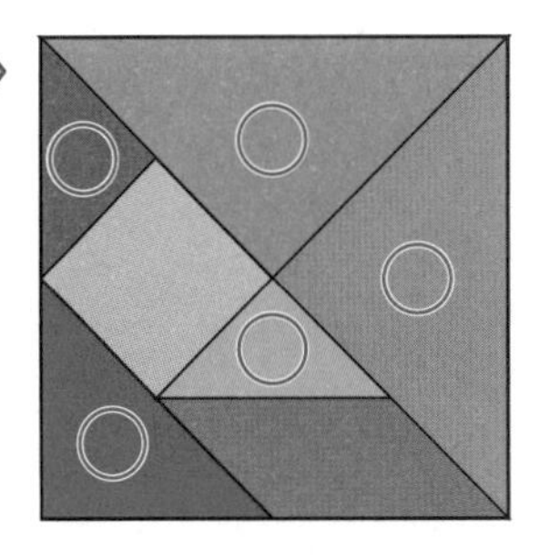

○로 표시한 삼각형 5개는 모두 직각삼각형입니다.
노랑 사각형은 직사각형이면서 정사각형입니다.

1 다음 두 직각삼각형의 같은 점을 설명한 것을 모두 찾아 기호를 써 보세요.

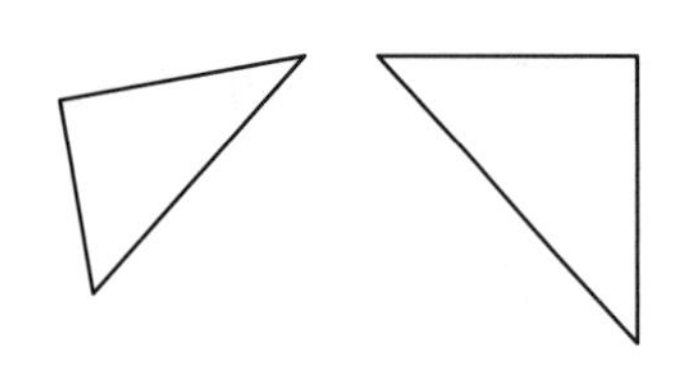

㉠ 직각이 1개입니다.
㉡ 꼭짓점이 3개입니다.
㉢ 변이 2개입니다.

( )

2 직각삼각형을 모두 찾아 ○표 해 보세요.

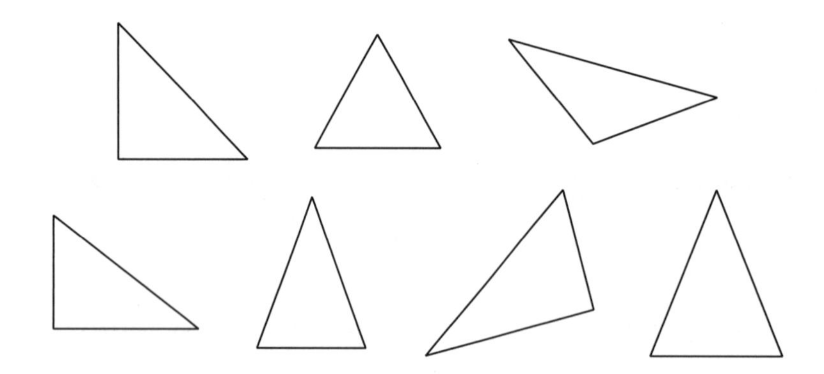

3 직사각형에 대한 설명으로 바른 것을 모두 찾아 기호를 써 보세요.

㉠ 직각이 4개입니다.
㉡ 변이 4개입니다.
㉢ 네 변의 길이가 모두 같습니다.

( )

4 다음 도형의 이름이 될 수 있는 것을 모두 고르세요. ( )

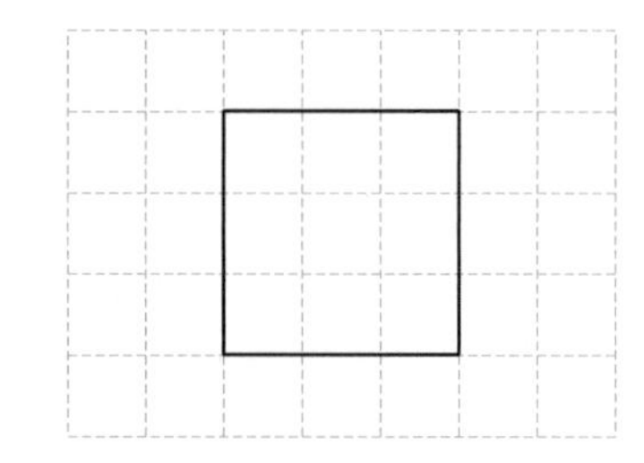

① 삼각형
② 사각형
③ 직각삼각형
④ 직사각형
⑤ 정사각형

5 다음 중 직사각형 모양인 것에 ○표 해 보세요.

6 정사각형과 직사각형 모양의 같은 점과 다른 점을 써 보세요.

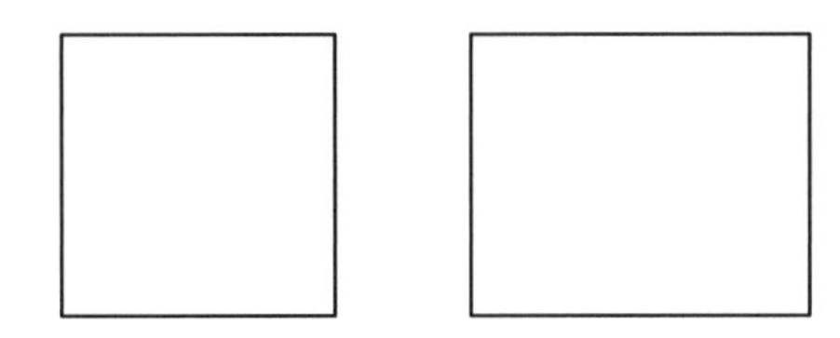

같은 점 ______________________________

다른 점 ______________________________

step 4 도전 문제

7 다음 도형에서 찾을 수 있는 크고 작은 직사각형은 모두 몇 개일까요?

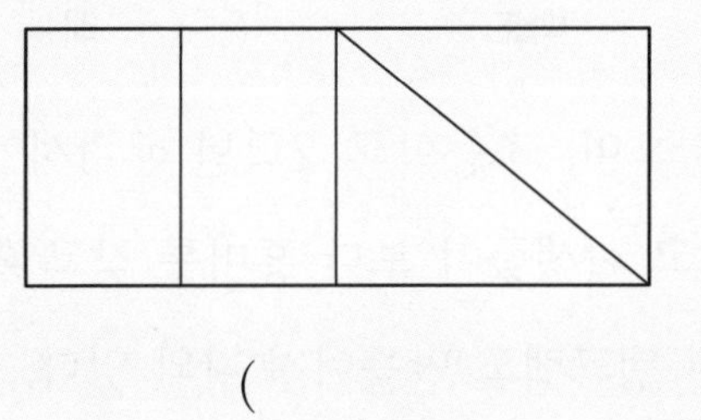

(　　　　　　　　)

8 정사각형 4개를 겹치는 부분 없이 이어 붙였습니다. ㉠의 길이는 몇 cm일까요?

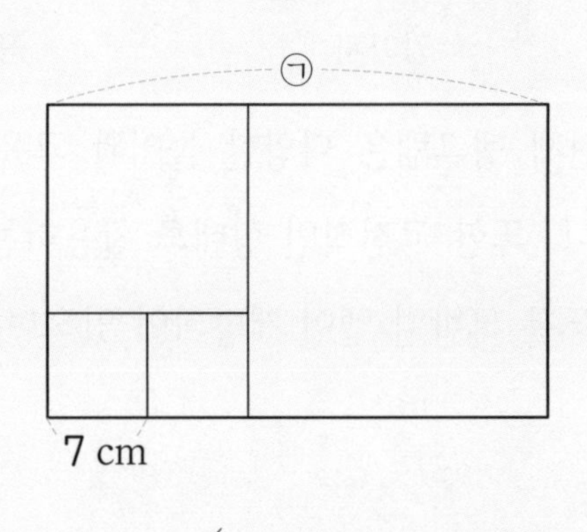

(　　　　　　　　)

탱그램

'탱그램'은 중국 당나라 사람들이 사용한 그림이라는 뜻이다. 우리나라 전통 놀이 중 하나인 칠교놀이를 서양에서는 탱그램이라고 부른다. 탱그램은 가로, 세로 10 cm 정도 되는 정사각형 판을 일곱 조각으로 자른 다음, 이 일곱 조각으로 여러 가지 형상을 표현하며 노는 놀이를 말한다. 탱그램 조각은 큰 삼각형 2개, 중간 크기의 삼각형 1개, 작은 삼각형 2개, 정사각형 1개, 평행사변형 1개로 이루어지며, 버드나무, 은행나무, 살구나무 등에 옻칠*을 하여 만들기도 한다.

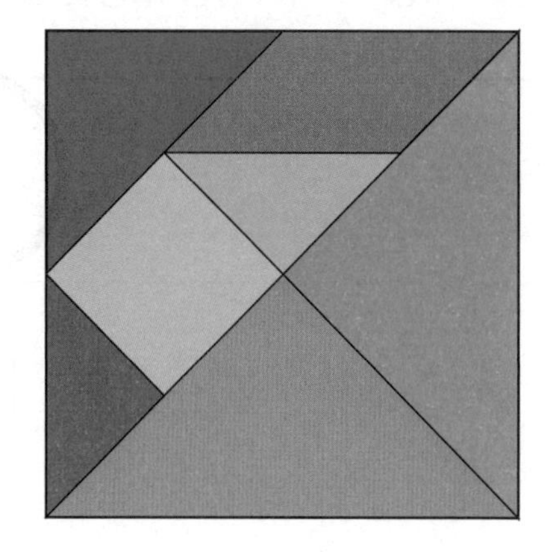

이 7개 도형으로는 다음과 같은 모양을 만들어 낼 수 있는데, 그 개수는 수천 가지에 이른다고 한다.

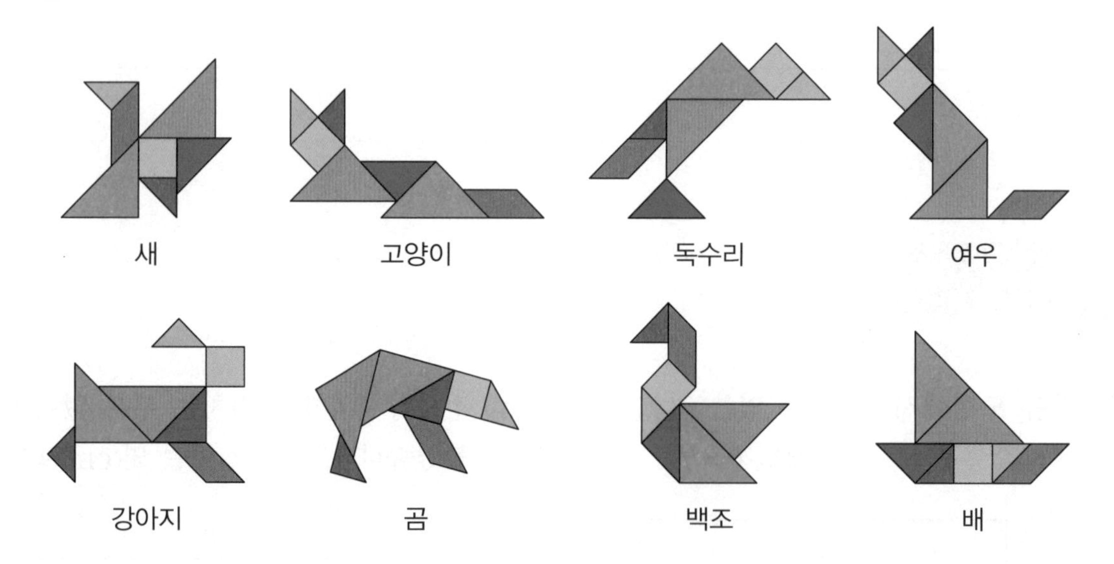

현재 탱그램은 다양한 놀이와 교육에 이용되고 있으며, 초등학교 2학년 교과서에도 실려 있다. 또한 고전적*인 형태로 활용하는 데 그치지 않고 학생들이 보다 흥미를 갖고 활동할 수 있도록 모바일 앱이 개발되어 있으며, 자석이 부착된 탱그램도 만들어져 나와 있다.

* **옻칠**: 나무 재질의 물건에 윤을 내기 위해 옻나무의 수액을 바르는 것
* **고전적**: 옛날의 의식이나 법식을 따르는 것

1 탱그램에 대한 설명으로 알맞은 것은? (　　　　)

① 중국 명나라 사람들이 사용한 그림이라는 뜻이다.
② 탱그램은 소나무, 잣나무, 은행나무 등으로 만든다.
③ 탱그램은 가로, 세로 8 cm 정도 되는 정사각형 판을 일곱 조각으로 자른 다음 여러 가지 형상을 표현하며 노는 놀이를 말한다.
④ 탱그램 조각은 큰 삼각형 2개, 중간 크기의 삼각형 3개, 정사각형 1개, 평행사변형 1개로 이루어진다.
⑤ 탱그램으로는 여러 가지 모양을 만들 수 있는데, 그 개수는 수천 가지에 이른다.

2 빈칸에 알맞은 말을 써넣으세요.

우리나라 전통 놀이 중 하나인 □□놀이를 서양에서는 탱그램이라고 부른다.

3 탱그램을 보고 물음에 답하세요.

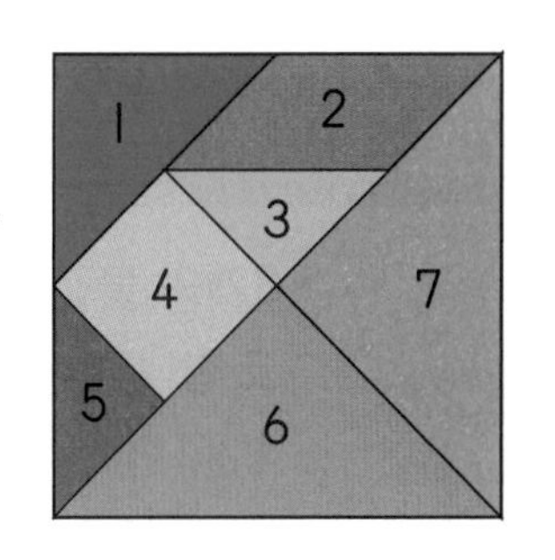

(1) 탱그램 조각을 직각삼각형과 정사각형으로 분류하여 번호를 써 보세요.

직각삼각형	정사각형

(2) 파란색으로 표시된 부분에 들어갈 탱그램 조각의 번호를 모두 써 보세요.

09 똑같이 나누기

나눗셈

step 1 30초 개념

- 8개의 물건을 2명이 똑같이 나누면 한 명이 4개씩 갖게 됩니다. 이것을 나눗셈이라고 합니다.

$$8 \div 2 = 4$$

8÷2=4와 같은 식을 나눗셈식이라 하고 8 나누기 2는 4와 같습니다라고 읽습니다.
이때 4는 8을 2로 나눈 몫, 8은 나누어지는 수, 2는 나누는 수라고 합니다.

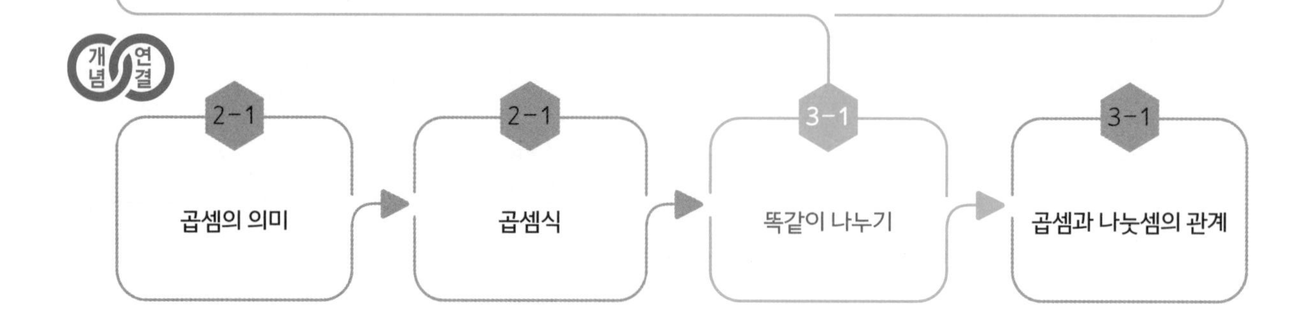

질문 ❶ 과자 8개를 두 접시에 똑같이 나누어 담으면, 한 접시에 몇 개씩 담게 되는지 그림으로 그려서 구해 보세요.

설명하기 두 접시에 과자를 1개씩 번갈아 가며 담으면 한 접시에 4개씩 담을 수 있습니다.

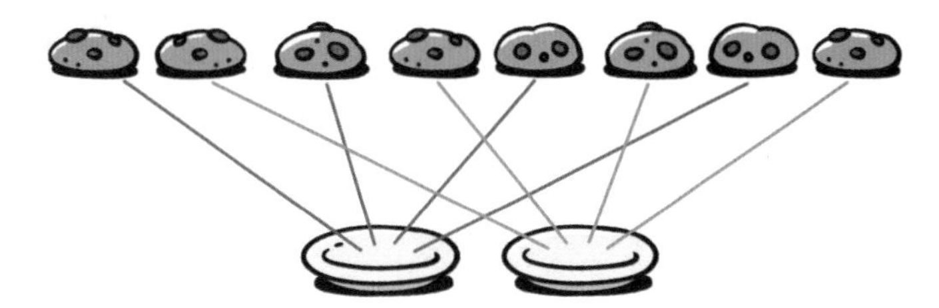

질문 ❷ 과자 8개를 접시 1개에 2개씩 담으려면 접시가 몇 개 필요한지 구해 보세요.

설명하기 과자를 접시 1개에 2개씩 담으면 접시 4개에 담을 수 있습니다.

1 접시 위의 쿠키를 2명의 친구가 똑같이 나누어 먹으려고 합니다. 각각 몇 개씩 먹을 수 있는지 □ 안에 알맞은 수를 써넣으세요.

$$10 \div 2 = \square$$

➡ 2명의 친구는 쿠키를 각각 □개씩 먹을 수 있습니다.

2 사탕 12개를 한 명에게 3개씩 나누어 주려고 합니다. 모두 몇 명에게 나누어 줄 수 있는지 □ 안에 알맞은 수를 써넣으세요.

$$12 - \square - \square - \square - \square = 0$$

$$12 \div 3 = \square$$

3 다음 질문에 알맞은 나눗셈식은? (　　　　)

> 색종이 20장을 5명에게 똑같이 나누어 주면 한 명에게 몇 장씩 줄 수 있을까요?

① $20 \div 4 = 5$　② $20 \div 5 = 5$　③ $20 \div 5 = 4$
④ $20 \div 4 = 4$　⑤ $20 \div 5 = 20$

4 다음 뺄셈식을 나눗셈식으로 알맞게 나타낸 것은? (　　　　)

> $36-4-4-4-4-4-4-4-4-4=0$

① $36 \div 9 = 4$　② $36 \div 4 = 9$　③ $36 \div 4 = 0$
④ $36 \div 0 = 9$　⑤ $36 \div 9 = 9$

5 나눗셈의 몫이 같은 것끼리 선으로 이어 보세요.

$16 \div 4$ •	• $8 \div 2$
$12 \div 4$ •	• $4 \div 2$
$6 \div 3$ •	• $18 \div 6$

6 $35 \div 5 = 7$에 대한 설명으로 알맞은 것을 찾아 기호를 써 보세요.

㉠ 35 나누기 5는 7과 같습니다.
㉡ 35를 7로 나눈 몫은 5입니다.
㉢ 35에서 7을 5번 뺄 수 있습니다.

(　　　　　　　　)

7 귤 25개를 5명의 친구에게 똑같이 나누어 주려고 합니다. 한 명에게 몇 개씩 나누어 줄 수 있을까요?

식 ________________

답 ________________

8 빈칸에 알맞은 수를 써넣으세요.

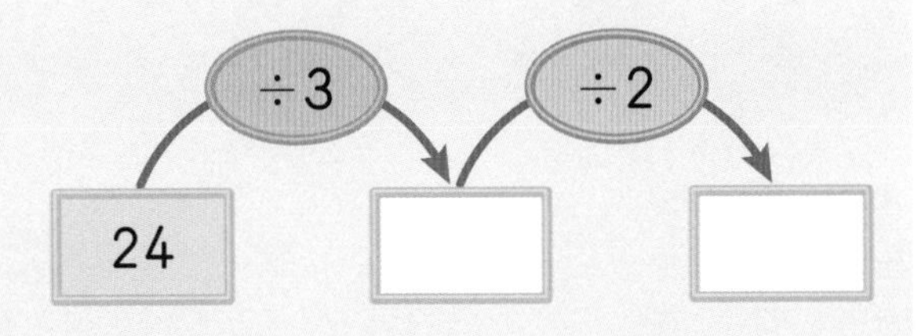

하늘동물원, 천연기념물 동물치료소 개장

하늘동물원이 지난 2일, 천연기념물 동물치료소를 열었다. 동물원에 머무는 동물이 아닌 야생*에서 다치는 천연기념물 동물들을 치료하기 위해서이다. 동물원의 동물 병원이 천연기념물 동물치료소로 지정된 것은 이번이 처음이다.

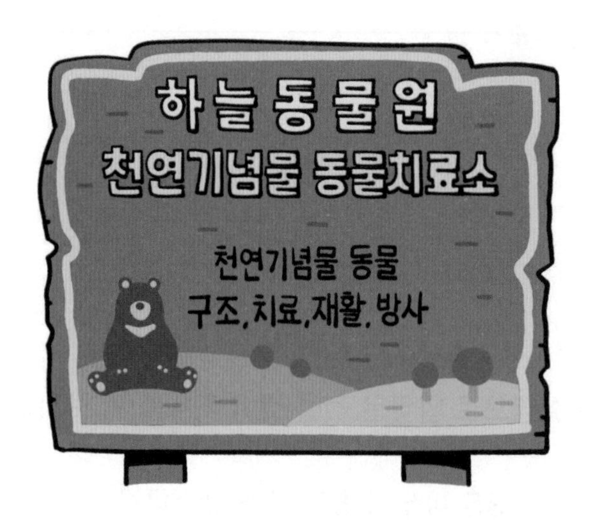

천연기념물 동물치료소는 자연 속에서 어려움에 처한 천연기념물 동물의 구조, 치료를 위해 문화재청이 지원하는 지정 동물 병원이다. 천연기념물 동물 치료 활동을 벌이는 곳은 전국 20여 개뿐으로, 시설이 부족한 상황에서 하늘동물원이 천연기념물 동물의 구조, 치료에 나선 것이다. 실제로 개장한 지 얼마 되지 않았는데 벌써 수리부엉이 6마리, 반달가슴곰 2마리, 두루미 5마리, 황새 2마리를 구조하여 보호하고 있다.

동물치료소는 동물들의 구조, 치료, 재활 활동에 그치지 않고 이를 바탕으로 천연기념물 동물들을 지키기 위한 연구를 진행하고, 누구나 천연기념물 야생 동물을 구조, 치료할 수 있도록 관련 교육을 시행*할 예정이다. 또한 수의대생들에게 직접 실습의 기회를 제공하기 위해 다양한 방법을 구상하고 있다.

김보호 기자 kbh@vmail.net

* **야생**: 산이나 들에서 저절로 나서 자람. 또는 그런 생물
* **시행**: 실제로 행함.

1 천연기념물 동물치료소의 설치 목적으로 알맞은 것은? (　　　　)

① 야생 동물을 키우기 위해서
② 천연기념물 동물을 낳고 자라게 하기 위해서
③ 주변 동물원에 있는 동물들을 치료하기 위해서
④ 야생에서 다친 천연기념물 동물을 치료하기 위해서
⑤ 수의대생들에게 실습의 기회를 제공하기 위해서

2 현재 동물치료소에서 보호하고 있는 동물이 아닌 것은? (　　　　)

① 크낙새　② 수리부엉이　③ 황새　④ 반달가슴곰　⑤ 두루미

3 반달가슴곰은 먹이로 사과를 먹습니다. 물음에 답하세요.

(1) 사과 10개를 동물치료소에 있는 반달가슴곰 2마리에게 똑같이 나누어 줄 때, 반달가슴곰 1마리는 사과를 몇 개 먹을 수 있는지 그림으로 나타내어 보세요.

(2) 반달가슴곰 1마리는 사과를 몇 개 먹을 수 있을까요?

(　　　　　　　　)

(3) 반달가슴곰 1마리는 사과를 몇 개 먹을 수 있는지 나눗셈식으로 나타내어 보세요.

나눗셈식 ______________________

4 곤충 30마리를 수리부엉이 6마리에게 똑같이 나누어 줄 때, 수리부엉이 1마리는 몇 마리의 곤충을 먹을 수 있는지 나눗셈식으로 나타내어 구해 보세요.

나눗셈식 ______________________　답 ______________

10 나눗셈

곱셈과 나눗셈의 관계

step 1 30초 개념

- 곱셈과 나눗셈의 관계는 서로 반대입니다. 곱셈과 나눗셈의 관계는 덧셈과 뺄셈의 관계와 비슷합니다.

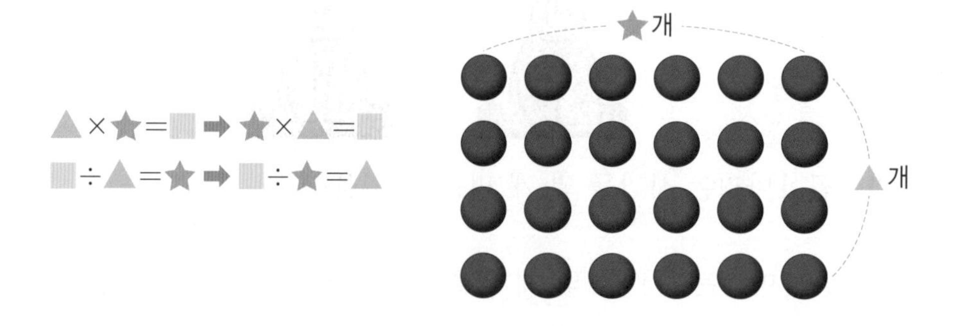

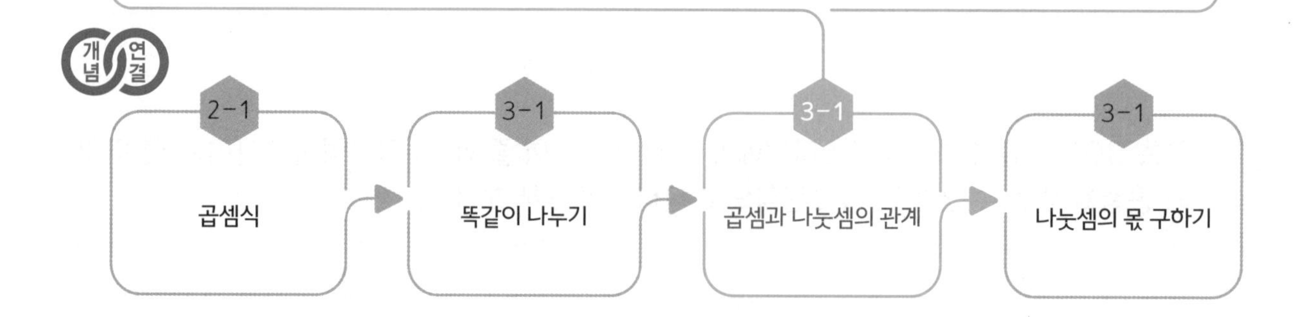

공부한 날 월 일

step 2 설명하기

질문 ❶ 바둑돌 15개를 곱셈식으로 나타내어 보세요.

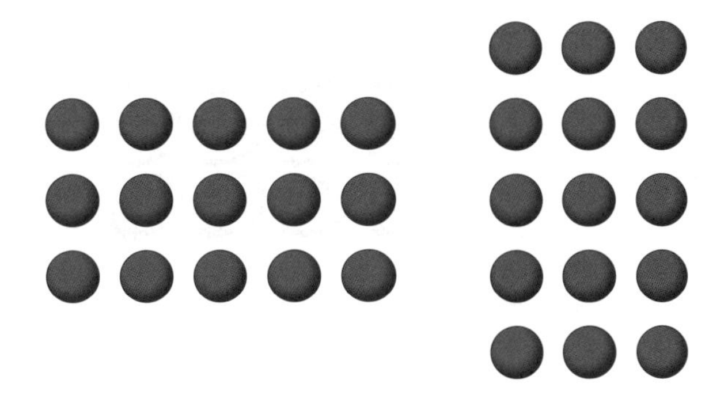

설명하기 바둑돌 15개는 5개씩 3묶음 또는 3개씩 5묶음이므로 $5\times3=15$ 또는 $3\times5=15$로 나타낼 수 있습니다.

질문 ❷ 사과 21개를 3명이 똑같이 나눌 때 한 사람이 가질 몫과 7명이 똑같이 나눌 때 한 사람이 가질 몫을 나눗셈식으로 나타내어 보세요.

설명하기 사과 21개를 3명이 똑같이 나눌 때 한 사람이 가질 몫은 $21\div3=7$입니다.
사과 21개를 7명이 똑같이 나눌 때 한 사람이 가질 몫은 $21\div7=3$입니다.

1 그림을 보고 물음에 답하세요.

(1) 빵은 모두 몇 개인지 곱셈식으로 나타내어 보세요.

4×☐=☐(개)

(2) 빵을 접시 5개에 똑같이 나누어 담으면 한 접시에 몇 개씩 담을 수 있을까요?

20÷☐=☐(개)

2 그림을 보고 곱셈식과 나눗셈식을 써 보세요.

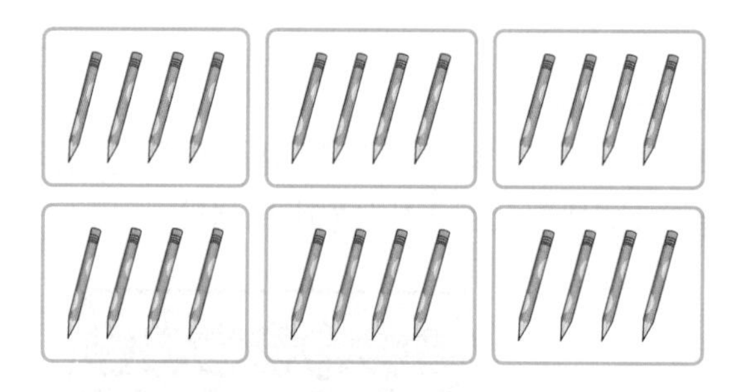

곱셈식 ______________ 나눗셈식 ______________

3 다음 중에서 곱셈식을 나눗셈식으로 바르게 나타낸 것을 모두 고르세요. (   )

$3\times7=21$

① $21\div7=3$ ② $21\div3=3$ ③ $21\div3=7$
④ $21\div3=0$ ⑤ $21\div7=7$

4 곱셈식을 나눗셈식으로 나타내어 보세요.

(1) $7\times8=56$ → $\square\div\square=\square$, $\square\div\square=\square$

(2) $6\times4=24$ → $\square\div\square=\square$, $\square\div\square=\square$

5 나눗셈식을 곱셈식으로 나타내어 보세요.

(1) $36\div9=4$ → $\square\times\square=\square$, $\square\times\square=\square$

(2) $28\div4=7$ → $\square\times\square=\square$, $\square\times\square=\square$

step 4 도전 문제

6 달걀을 미래는 18개, 선우는 14개 가지고 있습니다. 두 사람의 달걀을 한곳에 모은 다음, 다시 한 바구니에 8개씩 똑같이 나누어 담으려고 합니다. 바구니는 몇 개가 필요할까요?

식 ____________________

답 ____________________

7 □ 안에 들어갈 모든 수의 합을 구해 보세요.

$\square\times3=21 \longleftrightarrow 21\div3=\square$

$7\times\square=56 \longleftrightarrow 56\div\square=7$

(　　　　　　　)

물건을 진열*하는 데도 법칙이 있다?

대형 마트에 갈 때 매번 필요한 것만 사겠다고 다짐하지만 돌아오는 장바구니에 계획하지 않았던 상품을 담아 오는 경우가 적지 않다. 이는 소비자들의 마음을 읽는 '진열의 법칙' 때문일 수 있다. 어떤 법칙인지 그중 몇 가지를 소개한다.

첫째, 대형 마트의 입구에는 과일과 채소가 진열되어 있다.

철마다 다른 색감의 과일들이 새로운 느낌을 주고, 낮은 진열대 너머로 안쪽의 상품들이 보이면 들어가 보고 싶은 생각이 든다. 농산물 코너를 지나 수산물, 정육 코너로 가면 초록, 파랑, 빨강 등 알록달록한 색이 보이는데, 이 때 기분 좋은 호르몬이 분비되면 물건을 사고 싶은 생각이 더욱 생긴다.

둘째, 장난감 코너는 아이들의 눈높이에 맞추어져 있다. 아이들의 눈높이인 대략 1 m 높이에는 다소 비싼 제품이 있고, 어른들 눈높이의 진열대에는 그보다 저렴한 제품이 전시되어 있는 것이다. 가장 아래쪽에는 크고 비싼 제품이 있다.

셋째, 진열대에서 사람들이 잘 보이는 쪽에는 주력* 상품이 정리되어 있다. 사람들이 진열대에서 가장 먼저 보게 되는 위치는 어깨선부터 허리 사이의 지점이다. 이곳에 종류별로 가장 잘 팔리는 주력 상품들을 진열하여 물건을 사고 싶게 만드는 것이다.

넷째, 매장 위치가 안내되어 있지 않다. 대부분의 대형 마트에는 매장 위치를 알려 주는 안내도가 없거나 쉽게 찾을 수 없다. 그래서 내가 원하는 물건을 찾기 위해서는 다른 제품도 둘러봐야 한다. 이때 생각하지 않았던 물건들을 보고, 구입하게 되는 것이다.

* **진열**: 여러 사람에게 보이기 위하여 물건을 죽 벌여 놓음.
* **주력**: 중심이 되는 힘

1 다음 중 대형 마트에서 쓰는 진열의 법칙이 아닌 것은? (　　　　)

① 입구에 과일과 채소가 진열되어 있다.
② 장난감 코너는 아이들의 눈높이에 맞추어져 있다.
③ 진열대에서 사람들이 잘 보이는 쪽에 잘 팔리는 상품들이 진열되어 있다.
④ 매장 위치가 안내되어 있지 않다.
⑤ 물건이 규칙에 따라 진열되어 있다.

2 대형 마트의 입구에 과일이나 채소가 진열되어 있는 이유가 아닌 것을 찾아 기호를 써 보세요.

㉠ 다양한 색감으로 새로운 느낌을 준다.
㉡ 알록달록한 색을 보면 기분 좋은 호르몬이 분비된다.
㉢ 낮은 진열대 너머로 상품들이 보이면 안으로 들어가 보고 싶은 마음이 든다.
㉣ 진열대가 낮으면 물건이 잘 보여서 물건을 쉽게 구입할 수 있다.

(　　　　　　　　)

3 키위가 한 팩에 6개씩 들어 있습니다. 2팩을 사서 세 집에 똑같이 나누어 주면 한 집에 몇 개씩 줄 수 있을까요?

(　　　　　　　　)

[4～5] 대형 마트에서 장난감을 진열하려고 합니다. 나눗셈식을 쓰고 답을 구해 보세요.

4 장난감 상자 36개를 4개씩 묶어 진열하면 모두 몇 묶음을 진열할 수 있을까요?

식 ______________________　　답 ______________

5 장난감 상자 36개를 9개씩 묶어 진열하면 모두 몇 묶음을 진열할 수 있을까요?

식 ______________________　　답 ______________

나눗셈의 몫을 곱셈으로 구하기

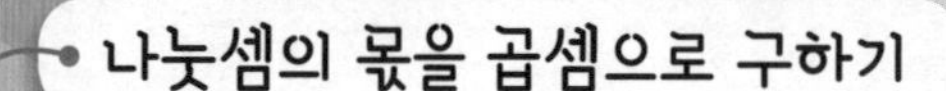

step 1 30초 개념

• 나눗셈의 몫은 곱셈식으로 구할 수 있습니다.
$15 \div 3$의 몫은 $3 \times 5 = 15$를 이용해 구할 수 있습니다.

$$15 \div 3 = \boxed{5}$$

$$3 \times \boxed{5} = 15$$

따라서 $15 \div 3$의 몫은 $\boxed{5}$입니다.

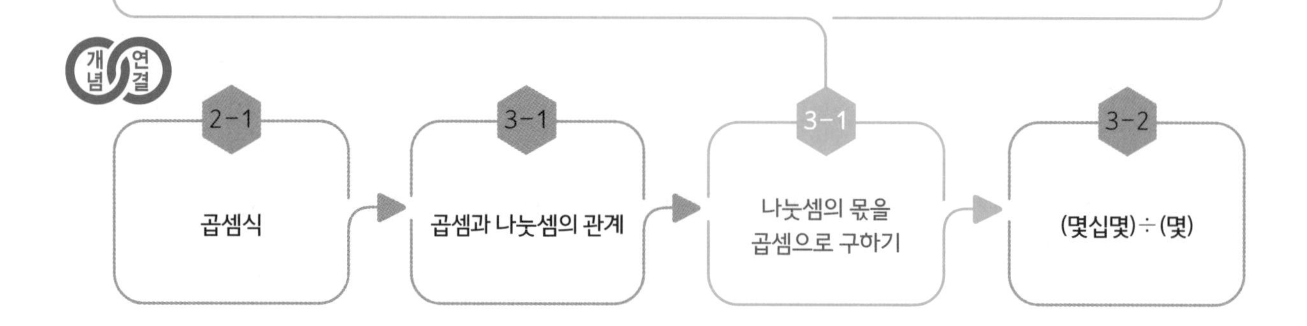

step 2 설명하기

질문 ❶ 꽃 40송이를 꽃병 8개에 똑같이 나누어 꽂을 때, 꽃병 1개에 몇 송이씩 꽂을 수 있는지 나눗셈식으로 나타내고, 곱셈식으로 구해 보세요.

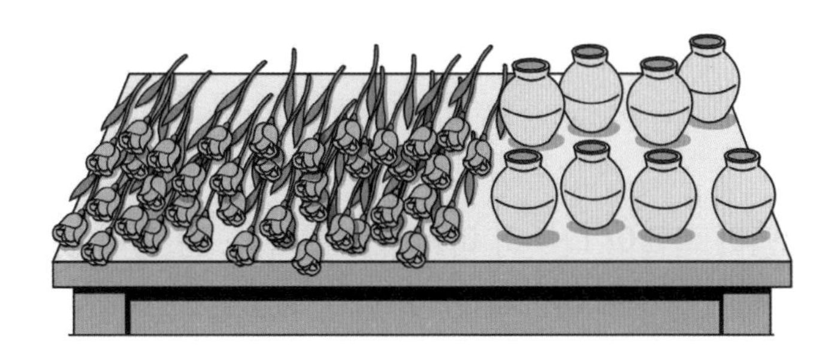

설명하기 꽃 40송이를 꽃병 8개에 똑같이 나누어 꽂을 때, 꽃병 1개에 몇 송이씩 꽂을 수 있는지 나눗셈식으로 나타내면 40÷8=☐입니다.

나눗셈의 몫을 구할 수 있는 곱셈식은 8×5=40입니다.

나눗셈의 몫을 곱셈식에서 바로 구하면 5입니다.

질문 ❷ 다음 곱셈표를 보고 나눗셈 56÷7의 몫을 구하고 그 과정을 설명해 보세요.

×	1	2	3	4	5	6	7	8	9
5	5	10	15	20	25	30	35	40	45
6	6	12	18	24	30	36	42	48	54
7	7	14	21	28	35	42	49	56	63
8	8	16	24	32	40	48	56	64	72
9	9	18	27	36	45	54	63	72	81

설명하기 곱셈표를 보고 나누는 수의 단에서 나누어지는 수를 찾아 나눗셈의 몫을 구합니다.

나눗셈 56÷7=☐의 몫을 구할 때

① 곱셈표의 7의 단에서 56을 찾습니다.

② 7과 곱해서 56이 되는 수 8을 찾습니다.

③ 8이 나눗셈의 몫입니다.

×	1	2	3	4	5	6	7	8	9
5	5	10	15	20	25	30	35	40	45
6	6	12	18	24	30	36	42	48	54
7	7	14	21	28	35	42	49	56	63
8	8	16	24	32	40	48	56	64	72
9	9	18	27	36	45	54	63	72	81

1 나눗셈의 몫을 곱셈구구로 구하려고 합니다. □ 안에 알맞은 수를 써넣으세요.

4×□=36 ⟶ 36÷4=□

2 우유 6개를 2명이 똑같이 나누어 마시려고 합니다. 한 명이 몇 개의 우유를 마실 수 있는지 곱셈표에 표시하여 구해 보세요.

×	1	2	3
1	1	2	3
2	2	4	6
3	3	6	9

식 6÷□=□

3 다음 나눗셈의 몫을 구할 때 이용해야 하는 곱셈구구를 찾아 ○표 해 보세요.

48÷8

5의 단 곱셈구구 | 7의 단 곱셈구구 | 8의 단 곱셈구구

( ) ( ) ( )

4 곱셈구구로 나눗셈의 몫을 구할 때, 이용해야 하는 곱셈구구의 단이 다른 하나는?

( )

① 32÷8 ② 18÷9 ③ 40÷8
④ 24÷8 ⑤ 64÷8

5 그림 카드 20장을 4명에게 똑같이 나누어 주려고 합니다. 한 명에게 몇 장씩 줄 수 있는지 곱셈표에서 몫을 찾아 표시해 보세요.

×	1	2	3	4	5	6
1	1	2	3	4	5	6
2	2	4	6	8	10	12
3	3	6	9	12	15	18
4	4	8	12	16	20	24
5	5	10	15	20	25	30
6	6	12	18	24	30	36

[6~7] 곱셈표를 보고 물음에 답하세요.

×	1	2	3	4	5	6	7	8	9
1	1	2	3	4	5	6	7	8	9
2	2	4	6	8	10	12	14	16	18
3	3	6	9	12	15	18	21	24	27
4	4	8	12	16	20	24	28	32	36
5	5	10	15	20	25	30	35	40	45
6	6	12	18	24	30	36	42	48	54
7	7	14	21	28	35	42	49	56	63
8	8	16	24	32	40	48	56	64	72
9	9	18	27	36	45	54	63	72	81

6 어떤 수를 9로 나누었더니 몫이 4가 되었습니다. 어떤 수를 6으로 나눈 몫을 곱셈표에서 찾아 표시해 보세요.

7 한 판에 8조각인 피자 2판을 4명이 똑같이 나누어 먹으면 한 명이 몇 조각씩 먹을 수 있는지 나눗셈식을 세우고, 곱셈표에 그 몫을 표시해 보세요.

식 ______________________

신나는 체육 대회

우리 학교에서는 한동안 체육 대회가 열리지 않았다. 코로나 시대에 많은 사람이 모이는 것은 어려운 일이기 때문이었다. 최근 야외* 활동이 점차 자유로워지면서 올해는 각 학년끼리 체육 대회를 하게 되었다. 나와 친구들은 기대감에 들떠* 체육 대회 날을 기다렸다. 드디어 오늘은 우리 3학년이 체육 대회를 하는 날이다. 우리 학교 3학년은 4반까지 있는데 1반은 20명, 2반은 24명, 3반은 18명, 4반은 21명이다.

준비 체조 시간이 되자 1반 선생님이 앞에 나오셨다.

"자! 여러분, 각 반 모두 4명씩 줄을 맞춰 서 볼까요."

우리 반 친구들은 출석 번호 순서대로 4명씩 한 줄을 만들어 가며 줄을 섰고, 선생님이 앞에서 알려 주시는 동작을 열심히 따라 했다. 그런 다음 본격적인 게임을 시작했다.

먼저 판 뒤집기 게임을 하기 위해 6명씩 줄을 서서 입장했다. 선생님의 호루라기 소리에 모두 열심히 판을 뒤집은 결과, 1반이 1등, 3반이 2등, 2반과 4반이 공동으로 3등을 했다.

다음으로는 3명씩 줄을 서 입장했고 공 굴리기 게임을 했다. 1반은 2반과 3반은 4반과 시합한 결과, 2반과 4반이 이겼고 두 반이 결승전을 치렀다.

그 밖에도 응원전, 콩 주머니 던지기, 꼬리잡기 등 여러 가지 게임을 했다. 코로나로 초등학교에서 처음 해 본 체육 대회였기 때문에 기억에 오래 남을 것 같다.

* **야외**: 집 밖
* **들뜨다**: 마음이나 분위기가 가라앉지 않고 조금 흥분되다.

1 다음 중 운동회에서 한 게임이 아닌 것은? (　　　　)

① 판 뒤집기　　② 콩 주머니 던지기　　③ 줄다리기
④ 꼬리잡기　　⑤ 공 굴리기

2 다음 중 글의 내용으로 알맞지 않은 것은? (　　　　)

① 우리 학교는 코로나 때문에 한동안 체육 대회를 하지 못했다.
② 오늘 열린 체육 대회는 학교의 모든 학년이 함께 하는 체육 대회였다.
③ 3학년은 반이 모두 4개이다.
④ 준비 체조를 할 때, 4명씩 줄을 맞추어 섰다.
⑤ 판 뒤집기 게임에서 1반이 1등을 했다.

3 준비 체조 시간에 1반 학생들의 모습이 어땠는지 알아보려고 합니다. 물음에 답하세요.

(1) 1반 학생들이 줄 서 있는 모습을 ○로 나타내어 보세요.

(2) 그림을 곱셈식으로 나타내어 보세요.

식 ____________________

(3) 4명씩 줄을 서면 모두 몇 줄이 될까요?

(　　　　　　)

4 공 굴리기 게임에서 2, 3, 4반 학생들은 각각 모두 몇 줄로 서 있었을까요?

2반 (　　　　　　), 3반 (　　　　　　), 4반(　　　　　　)

12 곱셈

올림이 없는 (몇십몇)×(몇) 계산하기

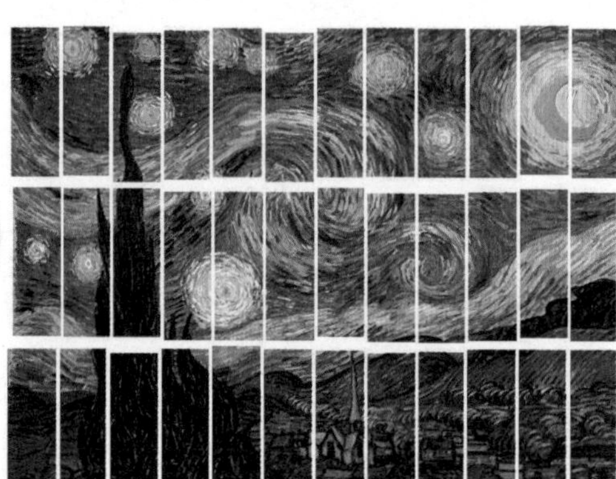

step 1 30초 개념

• 올림이 없는 (몇십몇)×(몇)을 계산할 수 있습니다.

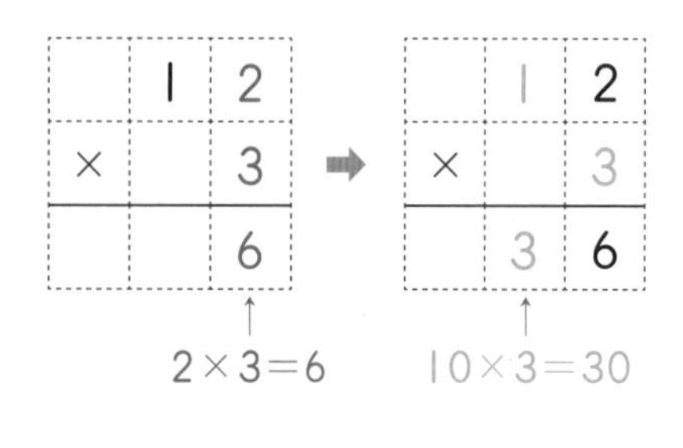

	1	2
×		3
		6 ← 2×3=6
	3	0 ← 10×3=30
	3	6 ← 6+30=36

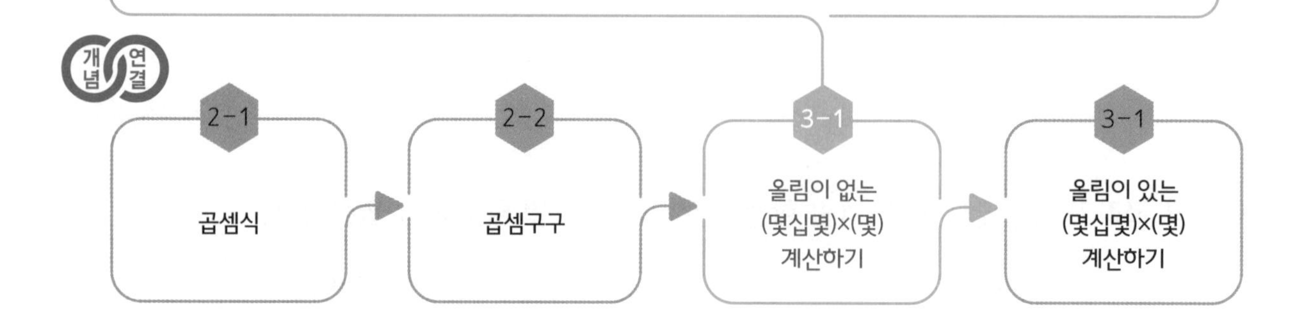

step 2 설명하기

질문 ❶ 12×5를 덧셈으로 계산하고 그렇게 계산한 이유를 설명해 보세요.

설명하기 곱셈은 똑같은 수를 거듭 더하는 것입니다. 그러므로 12×5는 12를 5번 더한 것과 같습니다.
$12\times5=12+12+12+12+12=60$입니다.

$\triangle\times\square=\triangle+\triangle+\cdots+\triangle$ ($\square$번)

$12=10+2$이므로 12×5는 10×5와 2×5로 나누어 계산한 다음 더해도 됩니다.

$$12\times5=10\times5+2\times5=50+10=60$$

질문 ❷ 수 모형을 그려서 12×3을 계산해 보세요.

설명하기

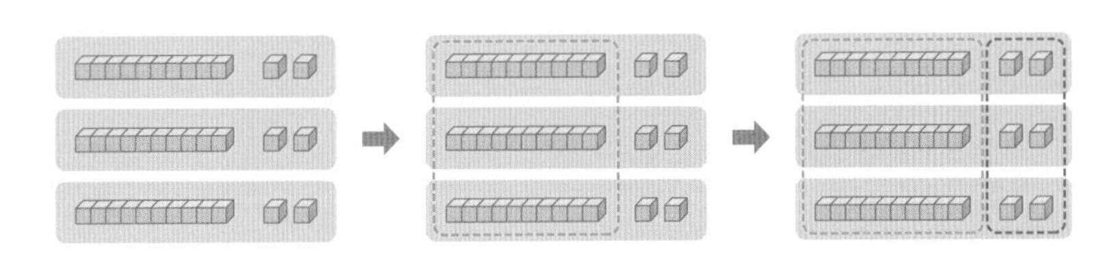

십 모형은 $1\times3=3$이므로 30입니다.
일 모형은 $2\times3=6$이므로 6입니다.
$30+6=36$이므로 $12\times3=36$입니다.

1 초콜릿이 한 판에 24개씩 들어 있습니다. 초콜릿은 모두 몇 개인지 그림을 보고 □ 안에 알맞은 수를 써넣으세요.

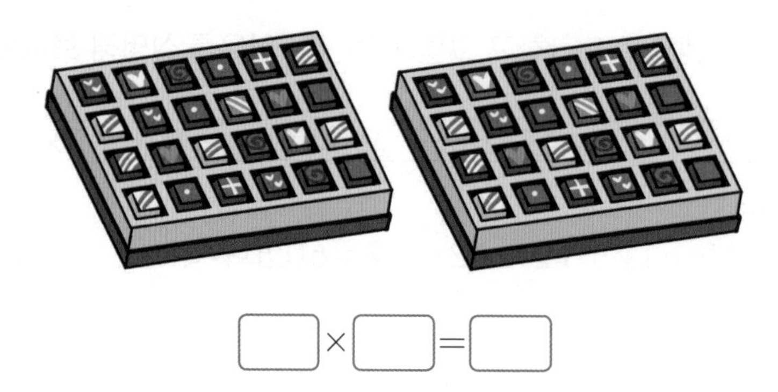

□×□=□

2 빈칸에 알맞은 수를 써넣으세요.

×	40	60
3		

3 계산해 보세요.

(1) $\begin{array}{r} 2\ 1 \\ \times\ \ \ 4 \\ \hline \end{array}$

(2) $\begin{array}{r} 2\ 3 \\ \times\ \ \ 3 \\ \hline \end{array}$

(3) 33×3

(4) 42×2

4 공책이 한 묶음에 22권씩 4묶음 있습니다. 공책은 모두 몇 권일까요?

식 ____________________

답 ____________________

5 계산 결과를 비교하여 ◯ 안에 $>$, $=$, $<$를 알맞게 써넣으세요.

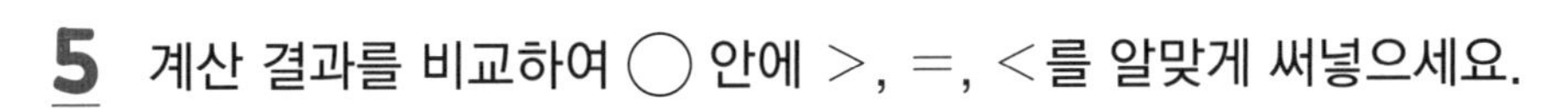

(1) 12×4 ◯ 50　　　　(2) 99 ◯ 32×3

6 계산 결과가 같은 것을 찾아 선으로 이어 보세요.

41×2 •	• 33×3
22×4 •	• $41+41$
11×9 •	• 44×2

step 4 도전 문제

7 다음 두 곱셈식의 차를 구해 보세요.

23×3　　30×3

(　　　　　　　　)

8 사탕을 민서는 12개 가지고 있고, 진성이는 민서보다 2개 더 가지고 있으며, 선우는 진성이보다 2배 더 가지고 있습니다. 선우가 가지고 있는 사탕은 모두 몇 개일까요?

(　　　　　　　　)

2023 봄빛초 작품 전시회 초대장

초대의 글

봄빛초 학생들이 미술 시간에 그리고, 만들고, 꾸며 온 작품들을 한데 모아 6월 15일(목)부터 2023 작품 전시회를 엽니다. 규모*가 작고 완성도가 다소 미흡할지 모르나 아이들은 자신의 작품으로 공간을 아름답게 꾸며 보며 성취감*을 느낄 수 있었습니다. 어린이들의 땀과 노력의 소중한 결과물들을 함께 봐 주시고 많은 응원 부탁드립니다.

전시 안내

명화 따라 그리기(3학년)

3학년 친구들이 유명한 명화를 점묘화로 나타내었습니다. 화려한 색감의 다양한 명화 작품들을 감상해 보시기 바랍니다.

한지로 꾸민 세상(4학년)

4학년 친구들이 검은 종이를 이용하여 구멍을 내고, 다양한 색깔의 한지를 붙여 작품을 완성하였습니다.

나의 소원(2학년)

2학년 친구들이 김구 선생님의 「나의 소원」이라는 글을 글자 디자인을 하여 나타내었습니다.

레고 캐릭터 디자인하기(5학년)

5학년 친구들이 각자 레고 캐릭터를 디자인하여 자신의 개성을 마음껏 표현해 보았습니다.

이 외에도 1학년 학생들의 '전래 동화 그리기', 6학년 학생들의 '도자기 화분 만들기', 2학년 학생들의 '세계 여러 나라의 모습을 입체로 표현하기' 등의 수업에서 만든 다양한 작품이 전시됩니다.

* **규모**: 사물이나 현상의 크기나 범위
* **성취감**: 목적한 바를 이루었다는 느낌

1 이 글을 쓴 목적은 무엇인지 □ 안에 알맞은 말을 써넣으세요.

봄빛초의 작품 전시회에 학부모님들을 □□하기 위해서

2 이 글에서 언급한 작품이 아닌 것은? (　　　　)

① 2학년의 나의 소원
② 5학년의 레고 캐릭터 디자인하기
③ 4학년의 색종이로 꾸민 세상
④ 6학년의 도자기 화분 만들기
⑤ 1학년의 전래 동화 그리기

3 3학년 학생들의 '명화 따라 그리기' 작품은 10개씩 6줄로 전시됩니다. 작품 수는 모두 몇 개인지 식을 써서 구해 보세요.

식 ______________________

답 ______________

4 5학년 학생들의 '레고 캐릭터 디자인하기' 작품은 12개씩 4줄로 전시됩니다. 작품 수는 모두 몇 개인지 식을 써서 구해 보세요.

식 ______________________

답 ______________

5 다음은 4학년 학생들의 작품인 '한지로 꾸민 세상'이 전시된 모습입니다. 다음과 같은 전시대가 3개 있을 때 전시된 작품 수는 모두 몇 개인지 구해 보세요.

(　　　　　　　　)

올림이 있는 (몇십몇)×(몇) 계산하기

벽돌을 25개씩
3줄로 쌓으면 좀비가
들어오지 못하겠지?

그럼 벽돌이
몇 개나
필요한 거야?

step 1 30초 개념

• 십의 자리와 일의 자리에서 올림이 있는 (몇십몇)×(몇)을 계산할 수 있습니다.

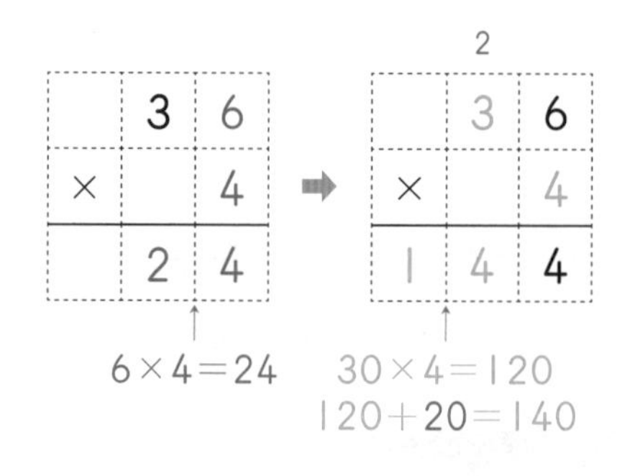

	3	6	
×		4	
	2	4	← 6×4=24
1	2	0	← 30×4=120
1	4	4	← 24+120=144

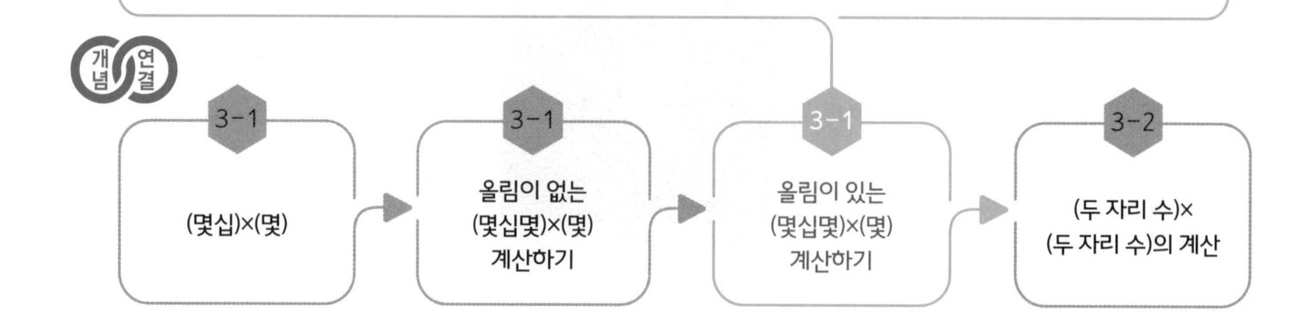

step 2 설명하기

질문 ❶ 36×4를 덧셈으로 계산해 보세요.

설명하기 곱셈은 똑같은 수를 거듭 더하는 것입니다. 그러므로 36×4는 36을 4번 더한 것과 같습니다.

$36\times4=36+36+36+36=144$입니다.

36=30+6이므로 36×4는 30×4와 6×4로 나누어 계산한 다음 더해도 됩니다.

$$36\times4=30\times4+6\times4=120+24=144$$

질문 ❷ 수 모형을 이용하여 36×4=144를 세로로 계산하는 방법을 설명해 보세요.

설명하기

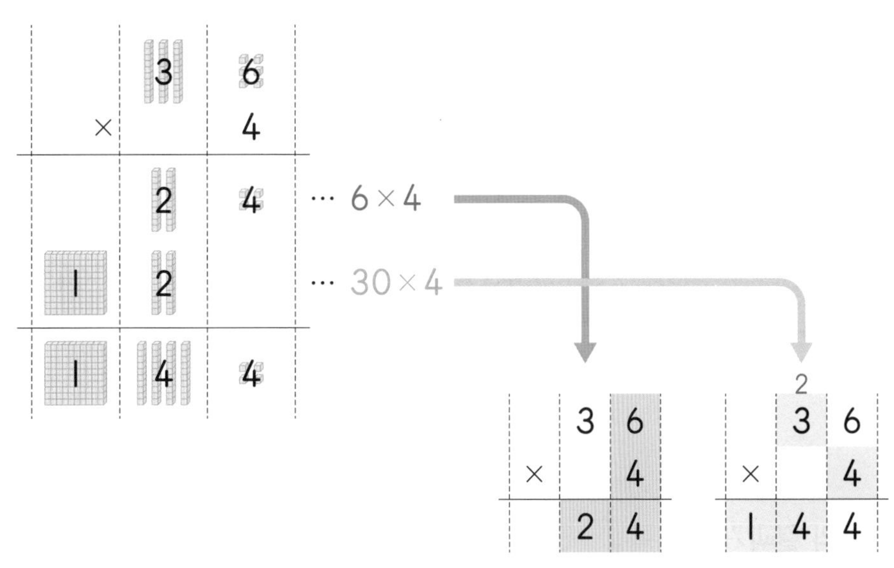

일의 자리 수를 계산한 값 24에서 4를 일의 자리에 씁니다. 20은 올림하여 십의 자리를 계산한 값 120에 더해야 하므로 올림하는 수 2를 작게 십의 자리에 쓰고, 십의 자리의 곱을 구한 다음 더하여 씁니다.

1 초콜릿이 한 상자에 15개씩 들어 있습니다. 5상자에 들어 있는 초콜릿은 모두 몇 개일까요? □ 안에 알맞은 수를 써넣으세요.

□×□=□

2 계산해 보세요.

(1)
$$\begin{array}{r} 42 \\ \times \quad 5 \\ \hline \end{array}$$

(2)
$$\begin{array}{r} 26 \\ \times \quad 3 \\ \hline \end{array}$$

(3) 54×3

(4) 42×6

3 다음 중 곱셈식의 곱이 가장 큰 것은? (　　　　)

① 53×3　② 43×4　③ 35×4
④ 41×4　⑤ 36×4

4 두 곱셈의 결과가 같도록 □ 안에 알맞은 수를 써넣으세요.

32×4=128　　16×□=128

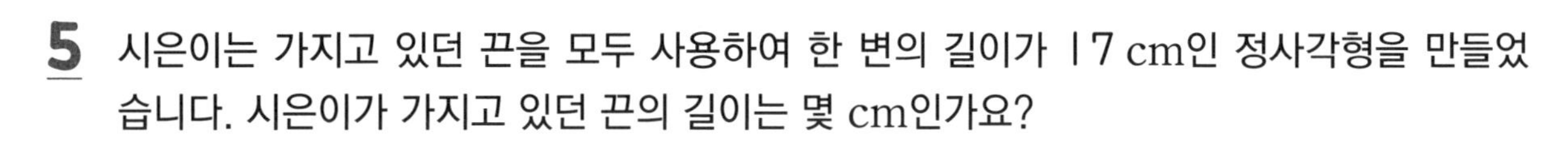

5 시은이는 가지고 있던 끈을 모두 사용하여 한 변의 길이가 17 cm인 정사각형을 만들었습니다. 시은이가 가지고 있던 끈의 길이는 몇 cm인가요?

식 ______________________

답 ______________

6 곱셈의 결과가 다른 것을 찾아 ○표 해 보세요.

46×4	82×2	92×2

7 수 카드 3, 4, 7 을 한 번씩만 사용하여 계산 결과가 가장 큰 곱셈식을 만들어 보세요.

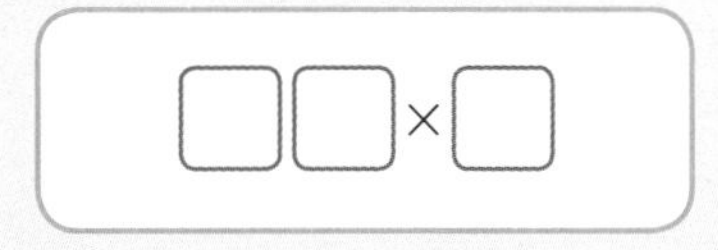

8 곱셈의 계산 결과가 200에 가장 가까울 때 □ 안에 알맞은 수를 구해 보세요.

$$\begin{array}{r} 2\ 6 \\ \times\quad \square \\ \hline \end{array}$$

( )

집 꾸미기 게임

선우는 요즘 '집 꾸미기' 게임을 즐겨 한다. 말 그대로 집의 인테리어*를 새롭게 꾸미는 게임이다. 집에 새 벽지를 바르고 새 타일을 붙이거나 가구의 배치를 다르게 하고, 코인을 쌓아 새로운 가구와 그림, 인테리어 용품*을 살 수도 있다.

선우는 오늘 화장실과 부엌을 새롭게 꾸며 볼 생각이다. 먼저 화장실을 꾸미기 위한 타일을 구매하려고 한다. 화장실 벽의 일부를 꾸밀 타일로 다음 중 세 번째 타일을 골랐다.

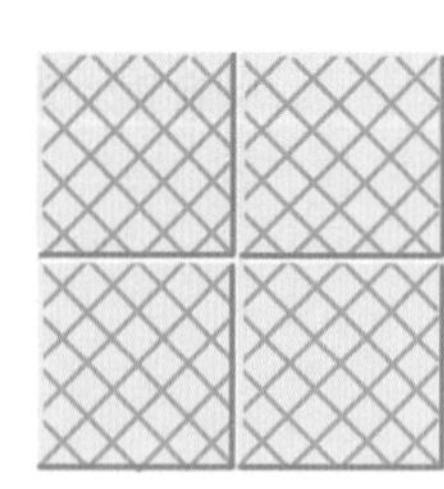

이제 타일의 개수를 정하고 코인을 지불해야 한다. 세 번째 타일로 화장실 벽면을 꾸미려면 타일의 수가 가로로 25개, 세로로 8줄 필요하다.

그리고 색이 진한 첫 번째 타일로 부엌에 포인트를 주려고 한다. 원하는 부분에 타일을 붙이려면 타일의 수가 가로로 17개, 세로로 5줄 필요하다. 지불해야 하는 코인은 타일 1장당 4코인으로 계산한다.

집 꾸미기 게임은 이렇게 집안 곳곳을 자기 취향으로 꾸며 보는 재미가 있고, 심한 경쟁이 이루어지지 않아서 편안하게 즐길 수 있다.

* **인테리어**: 건물, 주택, 아파트의 내부 공간 또는 그것을 디자인하는 일
* **용품**: 어떤 일이나 목적과 관련하여 쓰이는 물건

1 집 꾸미기 게임에 대한 설명으로 옳지 않은 것을 찾아 기호를 써 보세요.

㉠ 집의 인테리어를 새롭게 꾸밀 수 있는 게임이다.
㉡ 집의 벽지와 타일을 바꿀 수 있다.
㉢ 가구의 배치를 다르게 할 수 있다.
㉣ 가구나 타일이나 그림 등을 무료로 받을 수 있다.

( )

2 이 글에서 집 꾸미기 게임의 장점을 무엇이라고 설명했는지 써 보세요.

장점

3 선우가 세 번째 타일로 화장실을 꾸미기 위해서는 몇 장의 타일이 필요할까요?

식 ____________________

답 ____________

4 선우가 색이 진한 첫 번째 타일로 부엌을 꾸미기 위해서는 몇 장의 타일이 필요할까요?

식 ____________________

답 ____________

5 선우가 색이 진한 첫 번째 타일로 부엌을 꾸미기 위해서 얼마의 코인이 필요한지 구해 보세요.

( )

14 mm (밀리미터)

길이와 시간

step 1 30초 개념

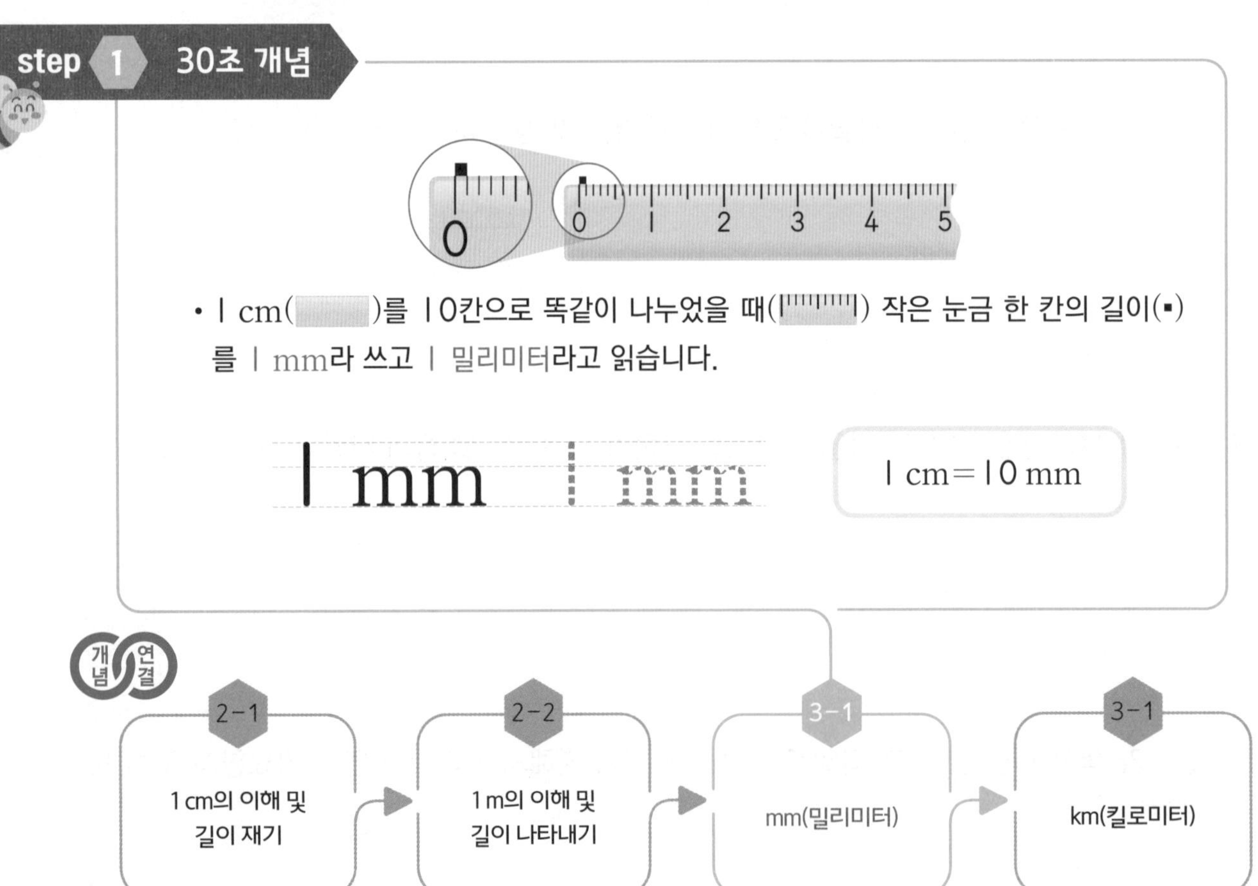

• 1 cm( )를 10칸으로 똑같이 나누었을 때( ) 작은 눈금 한 칸의 길이(▪)를 1 mm라 쓰고 1 밀리미터라고 읽습니다.

1 mm mm

1 cm=10 mm

개념 연결

2-1	2-2	3-1	3-1
1 cm의 이해 및 길이 재기	1 m의 이해 및 길이 나타내기	mm(밀리미터)	km(킬로미터)

step 2 설명하기

질문 ❶ 발의 길이를 재었더니 22 cm와 23 cm 사이였습니다. 발의 길이를 표현해 보세요.

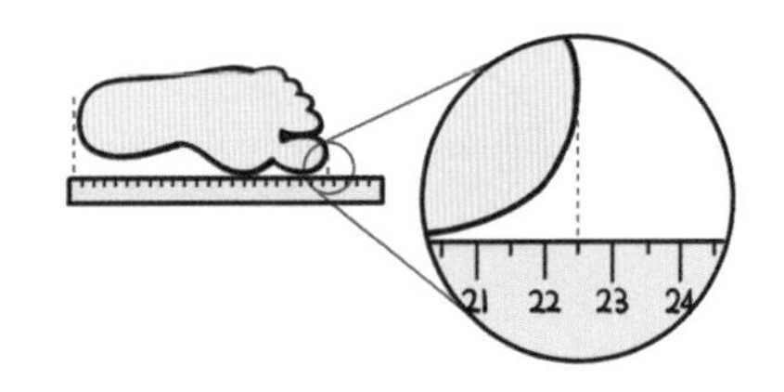

설명하기 1 cm를 10칸으로 똑같이 나눈 작은 눈금 한 칸의 길이는 1 mm입니다.

22 cm보다 5 mm 더 긴 것을 22 cm 5 mm라 쓰고
22 센티미터 5 밀리미터라고 읽습니다.
22 cm 5 mm는 225 mm입니다.

22 cm 5 mm=225 mm

질문 ❷ 주변에서 1 cm보다 짧은 물건을 2개 찾아 길이를 재어 보세요.

설명하기 생활 주변에는 1 cm보다 짧은 물건이 아주 많습니다.
연필심의 길이는 약 5 mm입니다. 클립의 짧은 쪽의 길이는 약 4 mm입니다.
또한 수학책의 두께는 약 6 mm이며 칼날의 두께는 1 mm가 되지 않습니다.

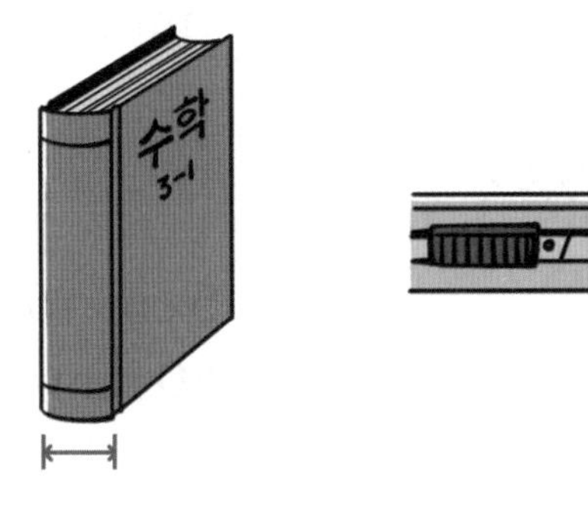

1 □ 안에 알맞은 것을 써넣으세요.

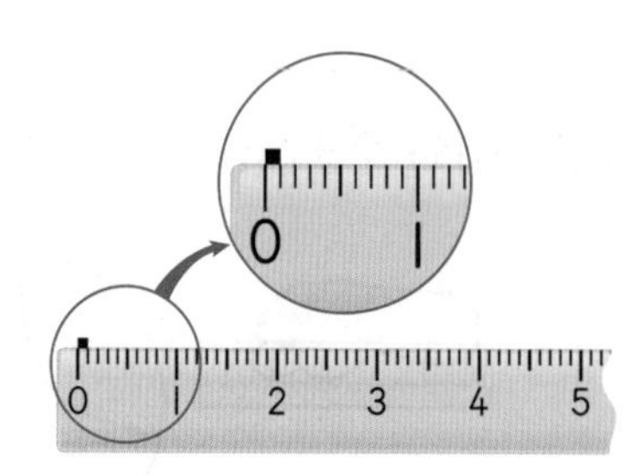

➡ 1 cm를 10칸으로 똑같이 나누었을 때 작은 눈금 한 칸의 길이(▪)를 □라 쓰고 □라고 읽습니다.

2 보기 에서 알맞은 길이를 찾아 문장을 완성해 보세요.

보기

밀리미터　　센티미터　　미터

(1) 52 mm는 52 □라고 읽습니다.

(2) 80 밀리미터는 8 □입니다.

3 크레파스의 길이를 써 보세요.

□ cm □ mm

4 다음 중 길이를 잘못 나타낸 것은? (　　　)

① 30 mm=3 cm　　② 5 cm=50 mm

③ 1 cm=100 mm　　④ 60 mm=6 cm

⑤ 30 cm=300 mm

5 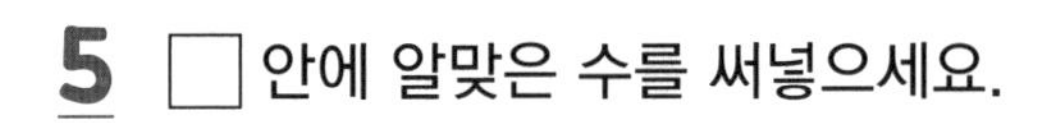
□ 안에 알맞은 수를 써넣으세요.

(1) 8 cm=□ mm

(2) 3 cm 6 mm=□ mm

(3) 69 mm=□ cm □ mm

6 길이에 알맞은 눈금을 선으로 이어 보세요.

2 mm •

5 mm •

8 mm •

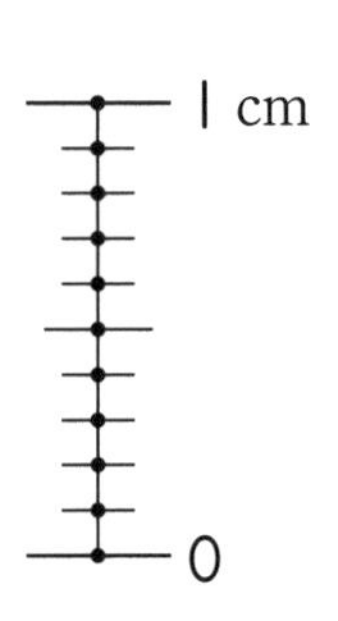

7 다음 중 옳은 문장을 모두 찾아 기호를 써 보세요.

㉠ 색연필의 길이는 80 mm입니다.
㉡ 운동화의 길이는 230 mm입니다.
㉢ 지민이의 키는 130 m입니다.
㉣ 사전의 두께는 1 mm입니다.
㉤ 교실 칠판의 길이는 3 cm입니다.

(　　　　　　　　)

8 길이가 같은 것끼리 이어 보세요.

350 mm •	• 30 cm 5 mm
305 mm •	• 35 cm
35 mm •	• 3 cm 5 mm

작은 동물들

대왕고래의 길이는 최대 30 m 가까이 되고, 사모안모스거미의 크기는 소금 알갱이 정도 된다. 이와 같이 동물들은 그 크기가 다양하다. 여기서는 가장 작은 동물에 대해 알아보자.

현재 세상에서 가장 작은 해마는 '사토미스피그미해마'이다. 일반적인 해마는 몸길이가 15~30 cm 정도인데 이 초소형 해마는 키가 10 mm 정도에 불과하다. 그리고 거북종 중에서 가장 크기가 작은 거북은 '이집트땅거북'으로, 이집트땅거북 등딱지 길이가 121~144 mm밖에 되지 않는 작은 몸을 가졌다.

▲ 이집트땅거북

'쇠주머니쥐'는 머리에서 몸통까지의 길이가 겨우 50~65 mm라고 한다. 그래서 오른쪽 그림처럼 한 마리가 다른 한 마리의 머리 위에 올라앉아도 그 길이가 찻숟가락보다 짧다.

▲ 쇠주머니쥐

사람의 검지 손톱보다 작은 카멜레온도 있다. 마다가스카르에서 발견된 '프루케시아 마이크라'는 몸길이가 16 mm이고, 꼬리까지 더해도 30 mm가 되지 않는다. 크기가 작아도 카멜레온의 외형*은 그대로 따르고 있기 때문에 점처럼 작은 눈도 정교하고* 복잡한 구조를 가지고 있다.

▲ 프루케시아 마이크라

마지막으로 세상에서 가장 작은 개구리는 미국 루이지애나주립대에서 2012년 1월에 발견된 '페도프라이네 아마우엔시스'이다. 몸길이가 약 8 mm밖에 되지 않아 비닐봉지를 이용하여 무작위로 숲 바닥을 긁다가 우연히 잡았다고 한다.

▲ 페도프라이네 아마우엔시스

* **외형**: 사물의 겉모양
* **정교하다**: 내용이나 구성 따위가 정확하고 치밀하다.

1 이 글에 등장한 작은 동물이 아닌 것은? (　　　　)

① 사모안모스거미　② 쇠주머니쥐　③ 프루케시아 마이크라
④ 손톱개구리　⑤ 이집트땅거북

2 동물에 알맞은 몸길이를 선으로 이어 보세요.

사토미스피그미해마	쇠주머니쥐	페도프라이네 아마우엔시스
50~65 mm	약 8 mm	약 10 mm

3 작은 동물들의 몸의 길이를 나타내기 위해 사용한 길이의 단위는 무엇인가요?

(　　　　　　　　)

4 보기 에서 알맞은 것을 찾아 기호를 써 보세요.

보기
㉠ 사토미스피그미해마　㉡ 이집트땅거북　㉢ 쇠주머니쥐
㉣ 프루케시아 마이크라　㉤ 페도프라이네 아마우엔시스

(1) 가장 큰 동물은 무엇인가요?

(　　　　　　　　)

(2) 가장 작은 동물은 무엇인가요?

(　　　　　　　　)

step 1 30초 개념

• 1000 m를 1 km라 쓰고 1 킬로미터라고 읽습니다.

쓰기 1 km 1 km

읽기 1 킬로미터

1000 m=1 km

개념 연결

2-1 1 cm의 이해 및 길이 재기 → 2-2 1 m의 이해 및 길이 나타내기 → 3-1 mm(밀리미터) → 3-1 km(킬로미터)

공부한 날 월 일

step 2 설명하기

질문 ❶ 2 km보다 500 m 더 긴 길이를 2가지 방법으로 나타내어 보세요.

설명하기 2 km보다 500 m 더 긴 길이를 2 km 500 m라 쓰고 2 킬로미터 500 미터라고 읽습니다.

2 km 500 m=2500 m

질문 ❷ 주변에서 1 km가 넘는 길이를 3개 찾고 그 길이를 나타내어 보세요.

설명하기

▲ 마포대교

▲ 사천대교

▲ 이순신대교

다리	km와 m로 나타내기	m로 나타내기
마포대교	1 km 390 m	1390 m
사천대교	2 km 145 m	2145 m
이순신대교	2 km 260 m	2260 m

1 □ 안에 알맞은 수나 말을 써넣으세요.

(1) m보다 더 긴 길이를 나타내기 위해 사용하는 1 km는 □ m와 같습니다.

(2) 1 km는 □ 라고 읽습니다.

2 보기 에서 알맞은 단위를 찾아 문장을 완성해 보세요.

보기
킬로미터　　미터　　센티미터

(1) 8 km 500 m는 8 □ 500 □ 라고 읽습니다.

(2) 6 km는 6000 □ 입니다.

3 길이를 잘못 읽은 것은? (　　　)

① 5 km 30 m → 5 킬로미터 30 미터
② 8 km 430 m → 84 킬로미터 30 미터
③ 5 km 810 m → 5 킬로미터 810 미터
④ 8 km 200 m → 8 킬로미터 200 미터
⑤ 9 km 560 m → 9 킬로미터 560 미터

4 □ 안에 알맞은 수를 써넣으세요.

(1) 5130 m= □ km □ m

(2) 2 km 30 m= □ m

5 길이를 비교하여 ◯ 안에 >, =, <를 알맞게 써넣으세요.

(1) 2400 m ◯ 2 km 60 m

(2) 1500 m ◯ 1 km 200 m

(3) 6046 m ◯ 6 km 450 m

6 길이가 1 km보다 더 길거나 높은 것을 찾아 기호를 써 보세요.

㉠ 버스의 길이	㉡ 텔레비전 가로의 길이
㉢ 10층 건물의 높이	㉣ 한라산의 높이

( )

step 4 도전 문제

7 다음 중 길이가 가장 짧은 것은? ( )

① 7664 m
② 7985 m
③ 7 km 718 m
④ 7 km 300 m
⑤ 7 km 602 m

8 편의점에서 시은이네 집까지의 거리는 1 km 797 m이고, 편의점에서 미래네 집까지의 거리는 1098 m입니다. 편의점까지의 거리가 더 먼 집은 누구의 집일까요?

( )

천 리 길도 한 걸음부터

어느 숲속 마을에 팽돌이라는 달팽이가 살고 있었다. 팽돌이는 자기가 너무 느린 것이 늘 불만이었다. 그런 팽돌이에게 소원이 하나 있었다. 숲이 모두 내려다보이는 높은 나무 위에서 해가 떠오르는 모습을 보는 것이었다. 하지만 팽돌이는 자기가 느리다는 것을 알고 있었기 때문에 높은 나무에 오를 자신이 없었다.

팽돌이의 이런 마음을 알게 된 부엉이 아저씨가 팽돌이를 찾아와 "천 리 길도 한 걸음부터라는 속담이 있단다. 마음먹으면 못 할 것도 없지." 하고 말했다.

이 말에 용기를 얻은 팽돌이는 나무에 오를 것을 굳게 결심*하고 마침내 첫걸음을 떼었다. 그리고 힘이 들 때마다 "난 해낼 수 있어." 하고 말하면서 나무를 오르고 또 올랐다. 부엉이 아저씨는 그런 팽돌이를 밤새 지켜봐 주었다.

결국 팽돌이는 나무 끝에 올라 구슬땀*을 닦으며 해가 떠오르는 모습을 바라볼 수 있었다.

"부엉이 아저씨 말이 맞았어. 천 리 길도 한 걸음부터. 한 걸음, 한 걸음 나아가다 보면 못 할 일이 없어."

그날 이후로 팽돌이는 어떤 어려운 일이 닥치더라도 '천 리 길도 한 걸음부터'라는 말을 떠올리면서 포기하지 않고 한 걸음씩 나아가 보려 노력하게 되었다.

* **결심**: 할 일에 대하여 어떻게 하기로 마음을 굳게 정함.
* **구슬땀**: 구슬처럼 방울방울 맺힌 땀

1 다음 중 이 글의 주인공에게 용기를 준 동물은? (　　　　)

① 거북이　　② 올빼미　　③ 부엉이
④ 토끼　　⑤ 자라

2 '천 리 길도 한 걸음부터'의 의미로 적절한 것은? (　　　　)

① 어떠한 큰일도 작은 일에서 시작된다.
② 자신이 남에게 잘해야 남도 자신에게 잘한다.
③ 수가 너무 적다.
④ 쉽고 작은 일도 못 하면서 어렵고 큰일을 하려고 한다.
⑤ 기대하지 않은 일이 벌어지고 있다.

3 '천 리 길도 한 걸음부터'에서 천 리(1000리)는 400 km입니다. 4 km는 몇 리일까요?

(　　　　　　　)

4 "울릉도 동남쪽 뱃길 따라 200리"라는 노래 가사의 200리는 몇 km일까요?

(　　　　　　　)

5 다음 「아리랑」 가사에 "십 리도 못 가서 발병 난다"라는 부분이 있습니다. 십 리를 몇 m로 바르게 나타낸 것은? (　　　　)

아리랑

아리랑 아리랑 아라리요
아리랑 고개로 넘어간다
나를 버리고 가시는 임은
십 리도 못 가서 발병 난다

① 4 m　　② 40 m　　③ 400 m
④ 1000 m　　⑤ 4000 m

16 초

step 1 30초 개념

- 초바늘이 작은 눈금 한 칸을 지나는 데 걸리는 시간을 1초라고 하며 초바늘이 시계를 한 바퀴 도는 데 걸리는 시간은 60초입니다.

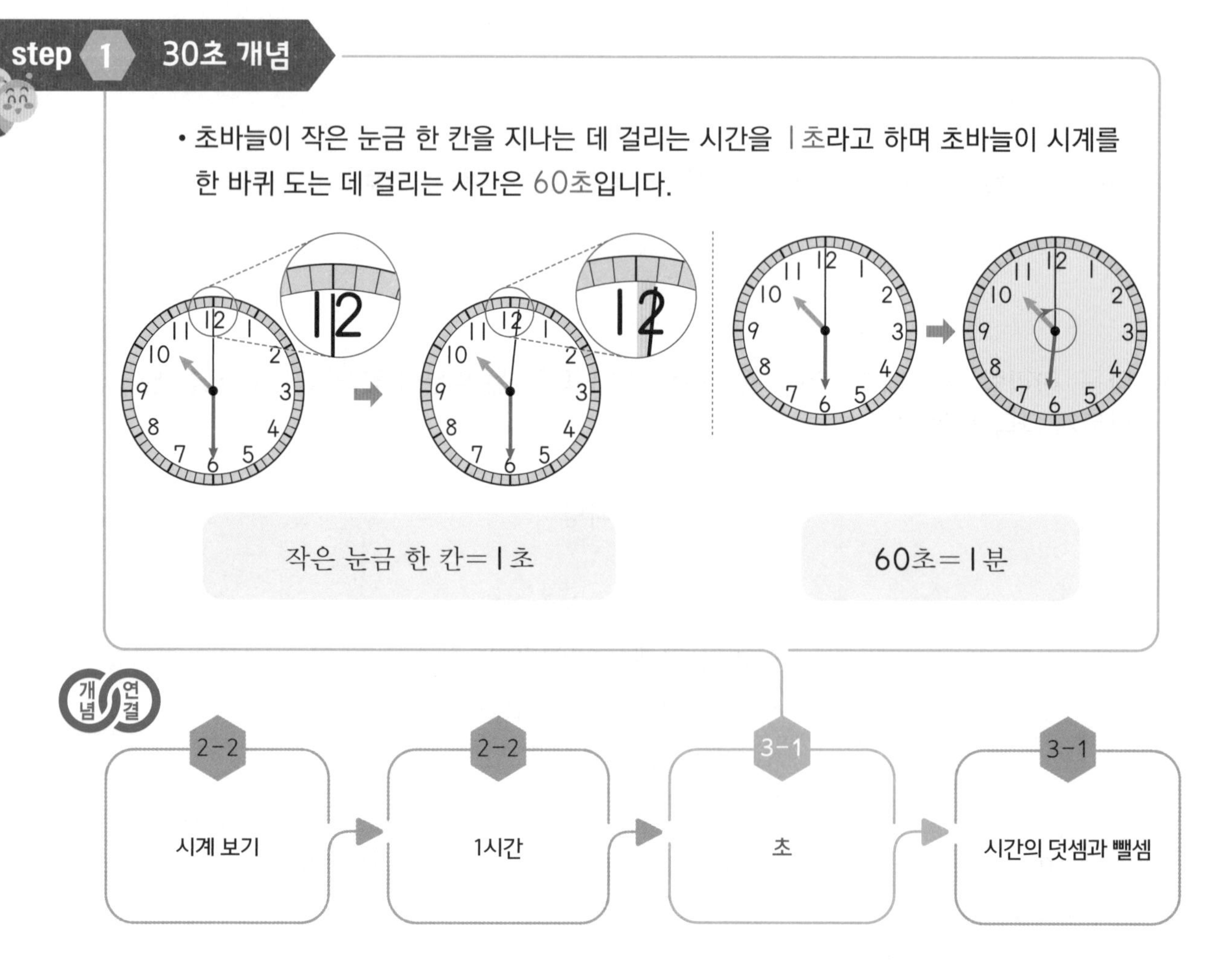

작은 눈금 한 칸=1초

60초=1분

개념 연결

2-2	2-2	3-1	3-1
시계 보기	1시간	초	시간의 덧셈과 뺄셈

step 2 설명하기

질문 ❶ I분보다 짧은 시간에 할 수 있는 일을 2가지 찾아 설명해 보세요.

설명하기 손 씻는 데 걸리는 시간은 보통 30초 정도입니다. 30초는 I분보다 짧은 시간입니다.

손뼉을 한 번 치는 데 I초 정도 걸립니다.

교실 앞에서 뒤까지 걷는 데 걸리는 시간은 5초 정도입니다.

질문 ❷ 시각을 읽어 보세요.

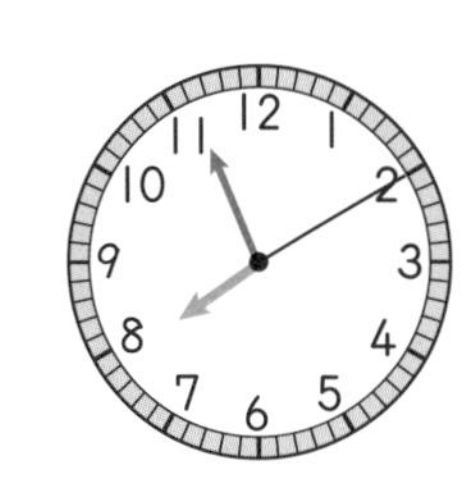

3: 18:37

설명하기 시계에는 시간을 나타내는 바늘이 3개 있습니다.

짧은바늘은 '시'를 나타냅니다.

긴바늘은 2개인데 그중 두껍고 천천히 움직이는 것은 '분'을 나타내고, 얇으면서 계속 움직이는 바늘은 '초'를 나타냅니다.

3: 18:37

2 시 15 분 20 초 7 시 56 분 10 초 3 시 18 분 37 초

1 □ 안에 알맞은 말을 써넣으세요.

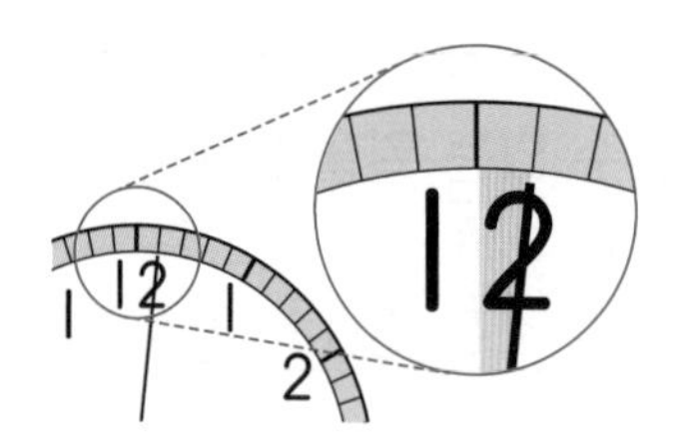

➡ 초바늘이 작은 눈금 한 칸을 가는 동안 걸리는 시간을 1□라고 합니다.

2 시각을 읽어 보세요.

(1)

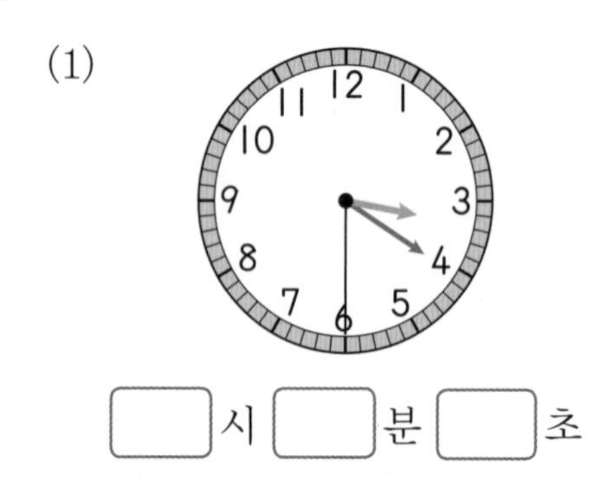

□시 □분 □초

(2)

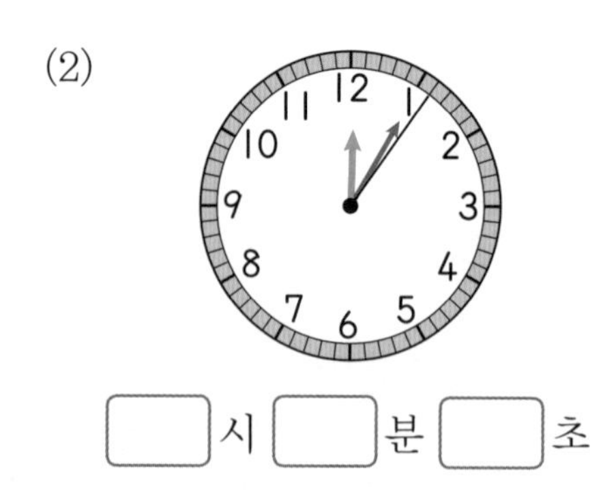

□시 □분 □초

3 시각을 바르게 읽은 것은? (   )

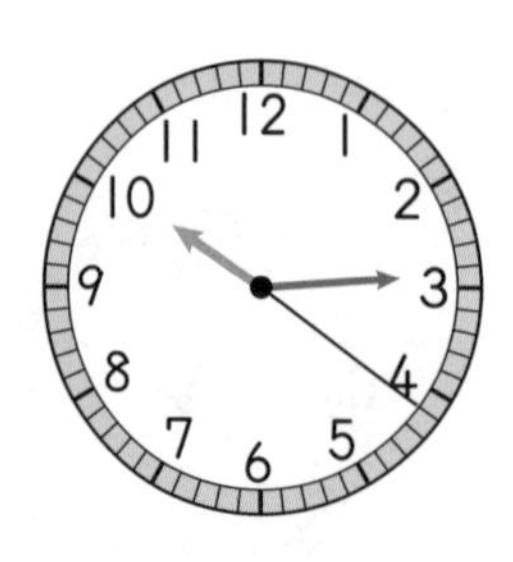

① 10시 3분 4초 ② 10시 15분 4초 ③ 3시 10분 20초
④ 3시 50 분 21초 ⑤ 10시 14분 21초

4 보기 와 같이 □ 안에 알맞은 시간 단위를 써넣으세요.

> 보기
>
> 전자레인지로 핫도그를 데우는 시간: 50 [초]

(1) 눈 깜짝할 사이: 1 □

(2) 영화 한 편을 보는 시간: 2 □

(3) 1교시 수업 시간: 40 □

5 시간을 '분'과 '초'로 잘못 나타낸 것은? (   )

① 180초=3분　② 2분=120초　③ 600초=1시간
④ 2분 30초=150초　⑤ 1분=60초

6 시간을 '분'과 '초'로 나타내어 보세요.

(1) 1분 25초=□초

(2) 560초=□분 □초

(3) 190초=□분 □초

(4) 7분 32초=□초

7 샤워를 하는 데 봄이는 597초 걸렸고, 가을이는 5분 32초 걸렸습니다. 샤워를 누가 더 오래 했을까요?

(   )

초등학생들은 편의점에서 무엇을 살까?

어린이 기자: 편의점은 일본에서 시작되었습니다. 우리나라에는 1980년대에 등장하여 1990년대부터 많은 지점*이 생겨났고, 요즘은 청소년이나 직장인, 남녀노소 할 것 없이 많이 사람이 이용하는 장소가 되었습니다. 초등학생인 우리 학교 학생들은 편의점에서 주로 어떤 것들을 살까요?

학생 A: 저는 신상* 라면이 나오면 사 먹어요. 편의점에서는 새로운 것을 빨리 접할 수 있거든요.

학생 B: 저는 음료수를 자주 사 먹습니다. 학교 끝나고 집이나 학원에 갈 때 제가 좋아하는 음료수를 마시면 기분도 좋아지고, 배도 덜 고프거든요.

학생 C: 저는 떡볶이나 핫바, 삼각김밥 같은 걸 먹습니다. 전자레인지를 이용하면 빠른 시간 안에 맛있는 음식을 먹을 수 있어요. 그리고 가끔 장난감을 사기도 해요.

어린이 기자: 이렇게 학생들은 편의점에서 다양한 물건을 구매합니다. 그중에서 편의점 음식은 대부분 전자레인지를 이용하여 짧은 시간 안에 조리하여 먹을 수 있지요. 여기, 전자레인지 앞에 조리 시간이 쓰여 있는 것을 볼 수 있습니다.

음식	시간	음식	시간
도시락	1분 40초	햄버거	30초
삼각김밥	20초	샌드위치 토스트	30초
김밥	20초	냉동 면/밥	3~5분

어린이 기자: 요즘은 건강 먹거리도 많이 판매되고 있다고 합니다. 편의점을 적절히 잘 이용하면 우리 생활에 많은 도움이 될 것입니다.

* **지점**: 중심이 되는 점포(본점)에서 갈라져 나온 점포
* **신상**: 새롭게 나온 상품, 물건

1 이 글에 제시된 초등학생들이 편의점에 가는 이유가 아닌 것은? (   )

① 새로운 것을 빨리 접할 수 있어서
② 장난감을 사려고
③ 좋아하는 음료수를 마시면 기분이 좋아져서
④ 빠른 시간 안에 맛있는 음식을 먹을 수 있어서
⑤ 건강한 음식을 먹으려고

2 편의점에 대한 설명으로 맞는 것은? (   )

① 우리나라에는 1990년대에 처음 등장했다.
② 편의점은 처음 미국에서 시작되었다.
③ 남녀노소 할 것 없이 많이 이용하고 있다.
④ 1980년대에 많은 지점이 생겨났다.
⑤ 초등학교 학생들은 잘 이용하지 않는다.

3 편의점 전자레인지에 쓰여 있는 음식 조리 시간을 보고 물음에 답하세요.

도시락 1분 40초	햄버거 30초
삼각김밥 20초	샌드위치 토스트 30초
김밥 20초	냉동 면/밥 3~5분

(1) 도시락의 조리 시간을 초로 바꾸면 몇 초일까요?

(   )

(2) 조리 시간이 같은 음식끼리 짝을 지어 써 보세요.

(   )

(3) 조리 시간이 가장 긴 음식은 무엇일까요?

(   )

17 시간의 덧셈과 뺄셈

길이와 시간

step 1 30초 개념

• 시간의 덧셈과 뺄셈은 시는 시끼리, 분은 분끼리, 초는 초끼리 계산합니다.

	5시	35분	20초
+	1시간	10분	15초
	6시	45분	35초

시, 분, 초끼리 단위를 맞추어 더했습니다.

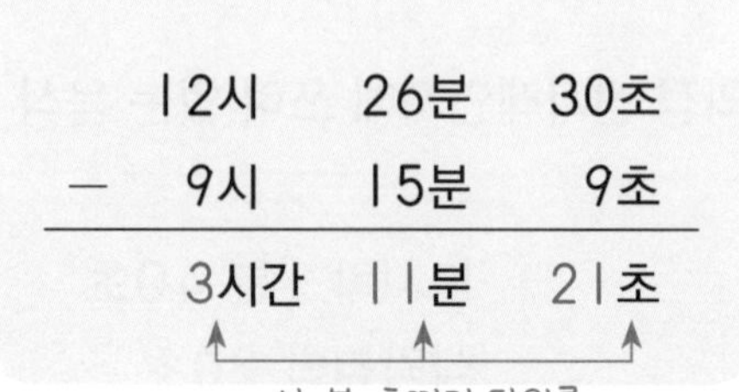

시, 분, 초끼리 단위를 맞추어 뺐습니다.

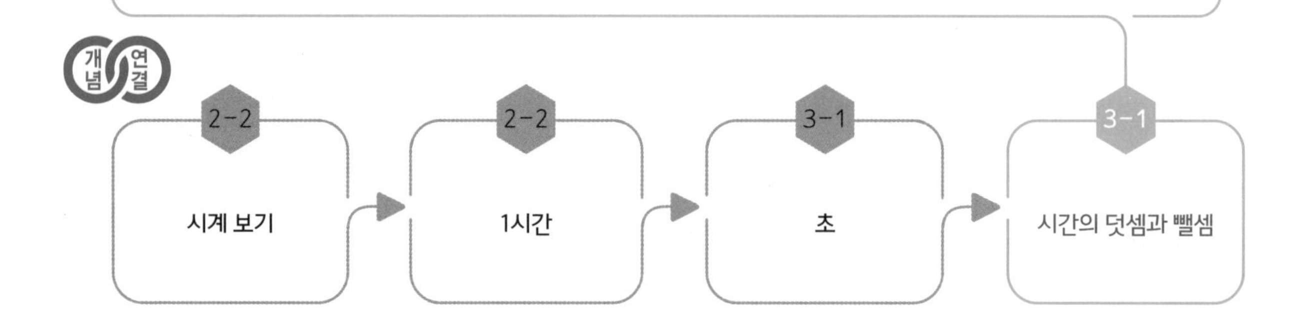

질문 ❶ 음악을 10시 30분 25초에 듣기 시작하여 5분 50초 동안 들었다면 음악이 끝난 시각은 몇 시인지 구해 보세요.

설명하기 음악이 끝난 시각은 덧셈으로 구할 수 있습니다.

10시 30분 25초+5분 50초=10시 36분 15초

	10시	30분	25초	
+		5분	50초	
	10시	35분	75초	=10시 36분 15초

질문 ❷ 만화 영화를 보려고 합니다. 어떤 영화의 상영 시간이 얼마나 더 긴지 계산해 보세요.

영화 제목	상영 시간
나는야 명탐정	15분 30초
꼬마 여우의 모험	17분 20초

설명하기 상영 시간이 긴 것에서 짧은 것을 빼면 「꼬마 여우의 모험」이 1분 50초 더 깁니다.

17분 20초−15분 30초=1분 50초

	16	60
	~~17~~분	20초
−	15분	30초
	1분	50초

1 □ 안에 알맞은 수를 써넣으세요.

(1)

	20 분	15 초
+	6 분	40 초
	□분	□초

(2)

	35 분	55 초
−	5 분	30 초
	□분	□초

2 주어진 시각에서 5분 후의 시각을 써 보세요.

(   )

3 지금 시각은 다음과 같습니다. 8분 전의 시각을 써 보세요.

(   )

4 계산해 보세요.

(1)

	5 시간	30 분	15 초
+	4 시간	15 분	20 초
	□시간	□분	□초

(2)

	7 시	20 분	55 초
−	4 시	15 분	50 초
	□시간	□분	□초

5 시간 계산에서 잘못된 곳을 찾아 바르게 고쳐 보세요.

6 서울에서 제주도까지 가는 데 걸린 시간은 몇 시간 몇 분일까요?

(　　　　　　　　)

step 4 도전 문제

7 다음은 수영이가 달리기를 시작한 시각과 끝낸 시각을 나타낸 것입니다. 수영이가 달리기를 한 시간을 구해 보세요.

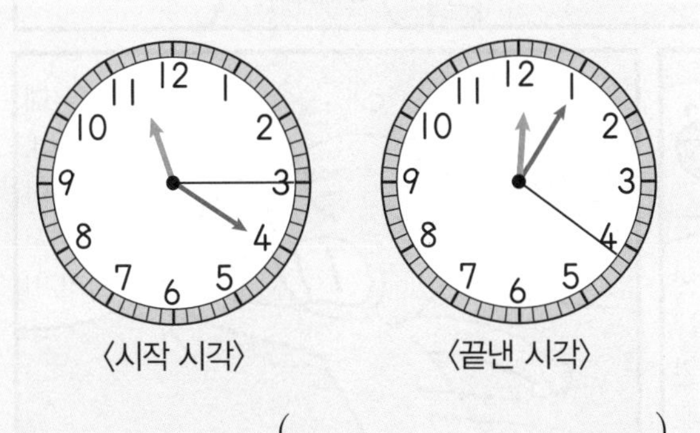

〈시작 시각〉　〈끝낸 시각〉

(　　　　　　　　)

8 다음은 겨울이와 여름이가 나눈 대화입니다. 자전거를 더 오래 탄 사람은 누구일까요?

겨울: 나는 1시간 30분 21초 동안 자전거를 탔어.

여름: 나는 3시 30분 20초부터 5시까지 자전거를 탔어.

(　　　　　　　　)

토끼와 거북의 달리기 경주

어느 화창한 날
토끼와 거북이 만났다.

* **산기슭**: 산의 비탈이 끝나는 아랫부분
* **정각**: 틀림없는 바로 그 시각

1 거북이가 말한 "길고 짧은 건 대 봐야 아는 법"의 의미는? (　　　　)

① 아무리 좋은 솜씨로 훌륭한 일을 하더라도 끝을 마쳐야 쓸모가 있다.
② 보잘것없는 힘으로 대들어 봐야 별수 없다.
③ 자기가 먼저 남에게 잘 대해 주어야 남도 자기를 잘 대해 준다.
④ 실제로 해 보기 전에는 누가 더 나은지 알 수 없다.
⑤ 먹은 것이 너무 적어 먹으나 마나다.

2 토끼와 거북은 어디까지 달리기로 했나요?

□□□

3 토끼가 쉬기 시작한 시각은 언제일까요?

(　　　　　　　　　　　　　　)

4 토끼와 거북이 출발한 시각은 낮 12시였습니다. 거북이 토끼를 지나쳤을 때의 시각을 구해 보세요.

(　　　　　　　　　　　　　　)

5 토끼가 잠에서 깨어났을 때의 시각을 구해 보세요.

(　　　　　　　　　　　　　　)

18 분수

분수와 소수

step 1 30초 개념

• 전체를 똑같이 2로 나눈 것 중의 1을 $\frac{1}{2}$이라 쓰고 2분의 1이라고 읽습니다.

• 전체를 똑같이 3으로 나눈 것 중의 2를 $\frac{2}{3}$라 쓰고 3분의 2라고 읽습니다.

$\frac{1}{2}$, $\frac{2}{3}$와 같은 수를 분수라고 합니다.

$\frac{1}{2}$ ← 분자, ← 분모 　 $\frac{2}{3}$ ← 분자, ← 분모

개념 연결

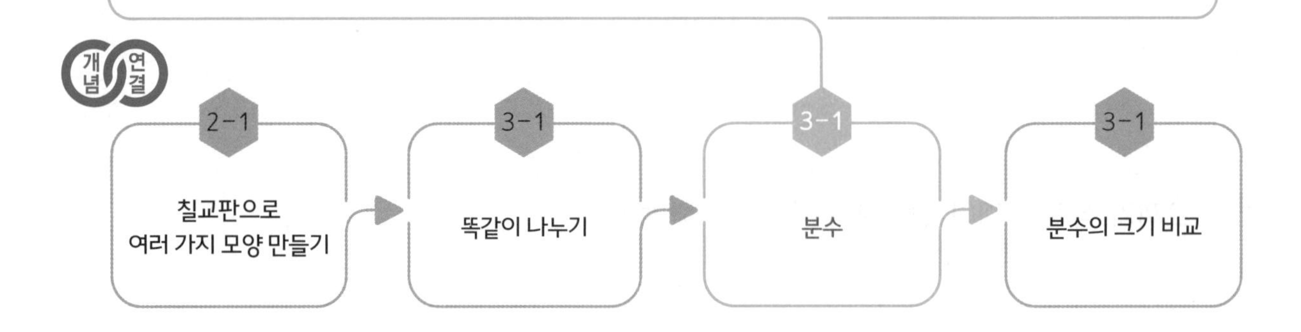

step 2 설명하기

질문 ① 모양과 크기가 같도록 각각을 2개, 3개, 4개로 나누어 보세요.

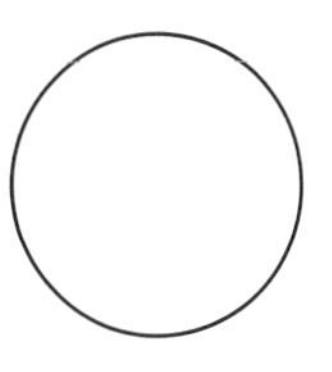
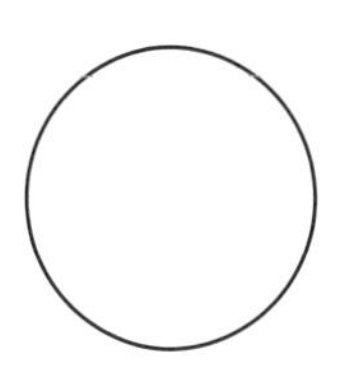
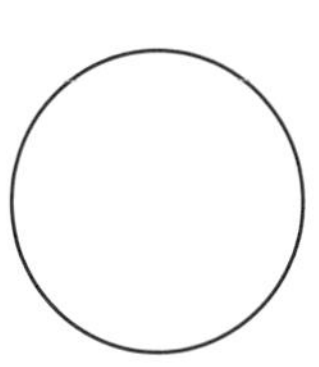

설명하기 여러 가지 방법으로 똑같이 나눌 수 있습니다.

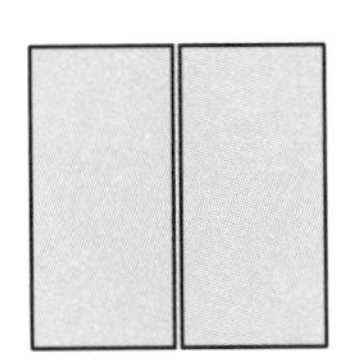

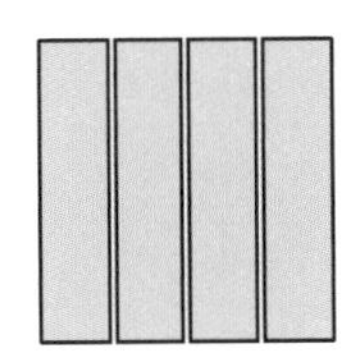
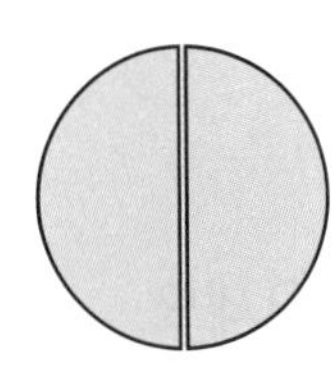
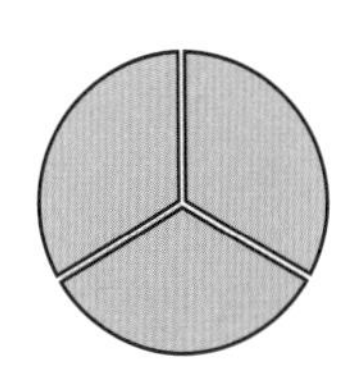
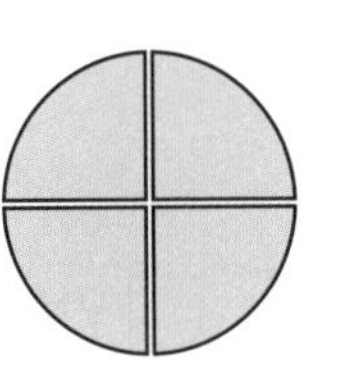

질문 ② 와플은 $\frac{1}{2}$(반)이 남았고, 초콜릿은 4조각 중 1조각이 남았습니다. 전체를 그려 보세요.

설명하기 부분의 모양을 보고 전체를 그릴 수 있습니다.

와플은 $\frac{1}{2}$(반)이 남았으므로 똑같이 반을 그립니다.

초콜릿은 4조각 중 1조각이 남았으므로 똑같은 조각 3개를 더 그립니다.

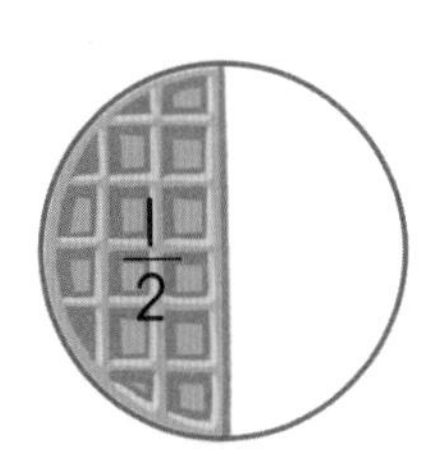

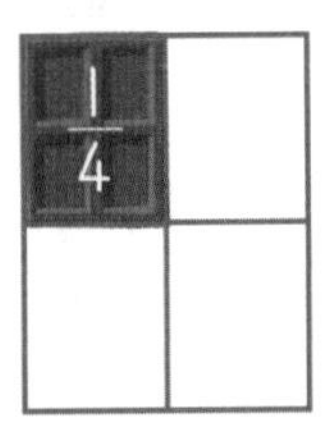

1 그림을 보고 물음에 답하세요.

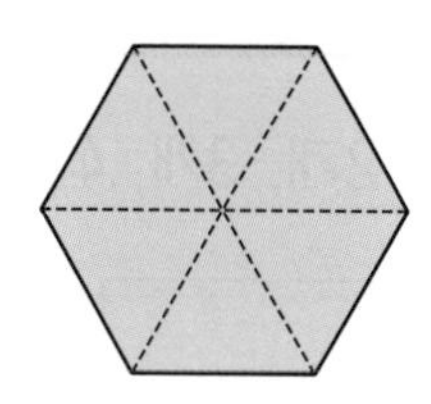

(1) 똑같은 삼각형이 몇 개 있나요?

(2) 삼각형 중 한 조각은 전체를 똑같이 ☐으로 나눈 것 중의 1입니다.

2 ☐ 안에 알맞은 말을 써넣으세요.

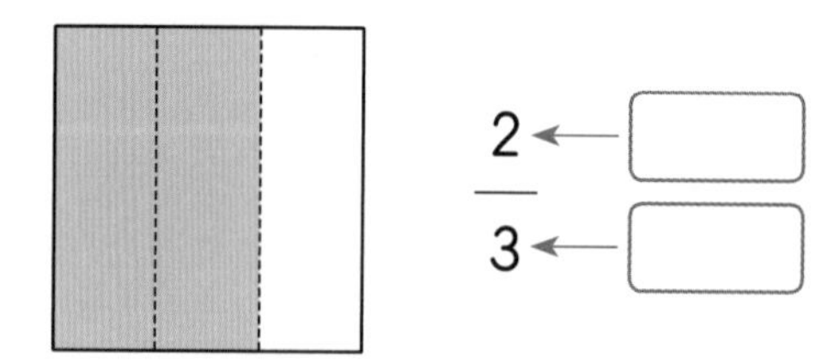

3 색칠한 부분은 전체의 얼마인지 분수로 나타내어 보세요.

(1) (2)

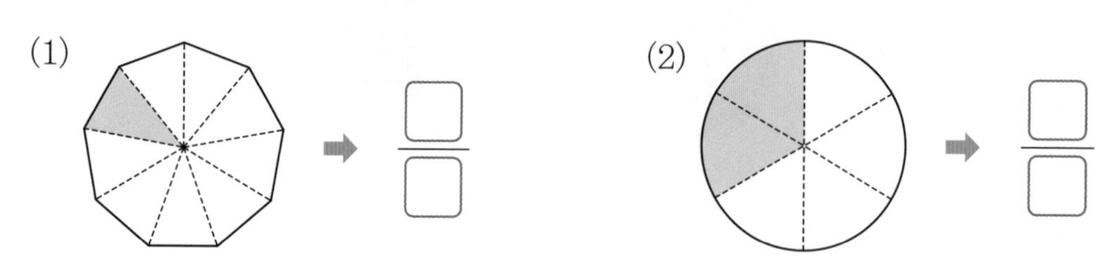

4 분자가 2인 분수를 모두 찾아보세요. (　　　　　)

① $\frac{1}{2}$　② $\frac{2}{3}$　③ $\frac{2}{5}$

④ $\frac{3}{4}$　⑤ $\frac{4}{5}$

5 초콜릿의 먹은 부분과 남은 부분은 전체의 얼마인지 분수로 나타내어 보세요.

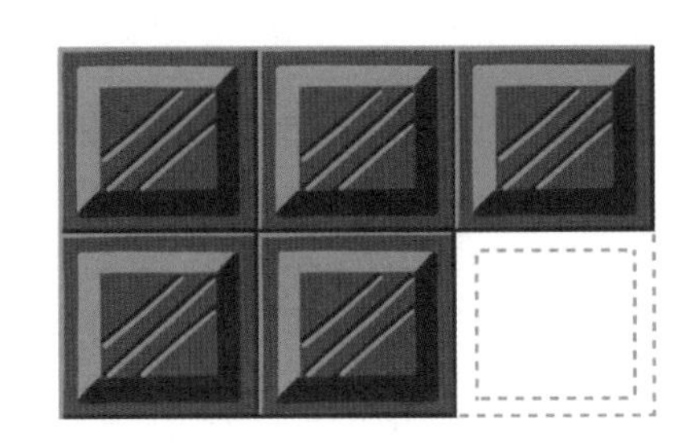

먹은 부분은 전체의 ☐

남은 부분은 전체의 ☐

6 관계있는 것끼리 선으로 이어 보세요.

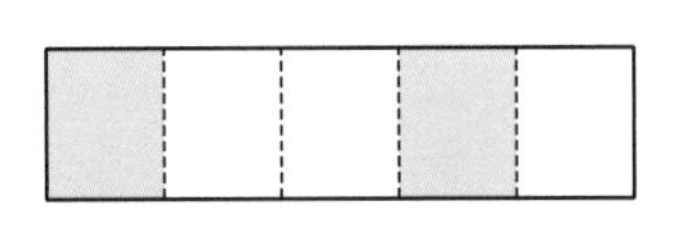
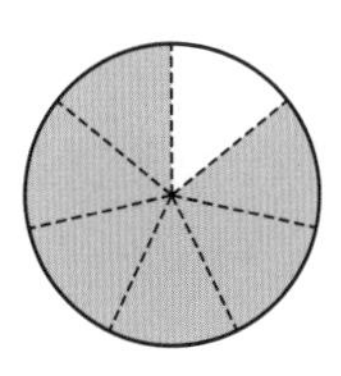
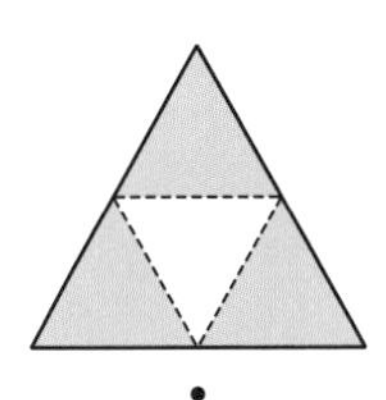

$\frac{3}{4}$　　$\frac{2}{5}$　　$\frac{6}{7}$

step 4 도전 문제

7 아르헨티나 국기에서 파란색 부분은 전체의 얼마인지 분수로 쓰고 읽어 보세요.

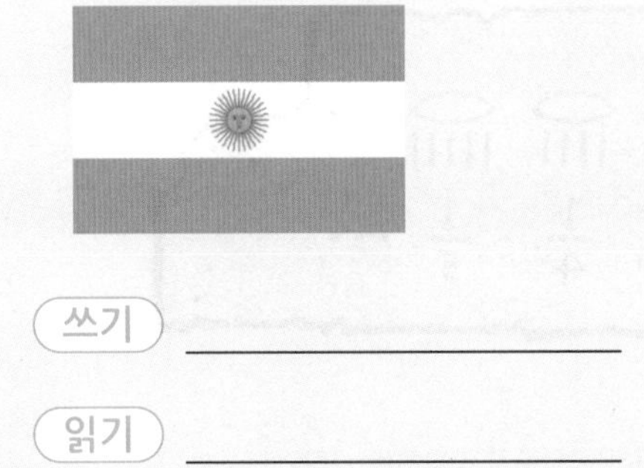

쓰기 ________

읽기 ________

8 전체에서 색칠하지 않은 부분을 분수로 나타내어 보세요.

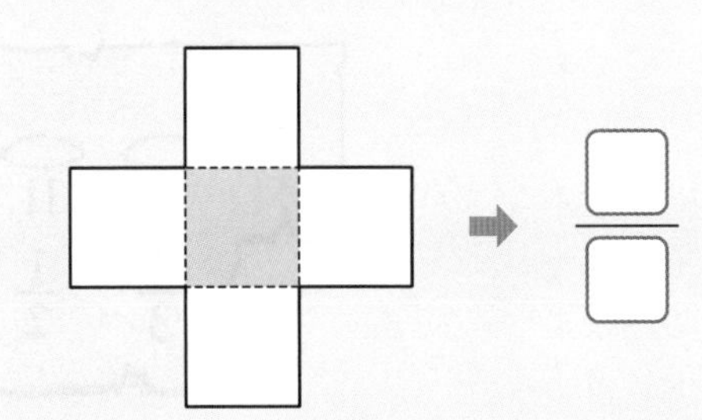

사람들은 분수를 언제부터 사용했을까?

1858년 영국의 탐험가 린드는 이집트에서 두루마리로 된 책을 발견했다. 그런데 너무 오래된 책이라 읽을 수가 없었다. 그래서 독일의 고고학자* 아이젠롤에게 보냈고, 아이젠롤은 이 책이 이집트 수학자인 아메스가 쓴 이집트 최초의 수학책임을 밝혀냈다.

이 책은 린드가 발견했다고 해서 『린드 파피루스』라고 불리는데, 여기에는 분수가 쓰여 있다. 기원전* 1650년경 이집트에서 이미 분수를 사용하고 있었던 것이다.

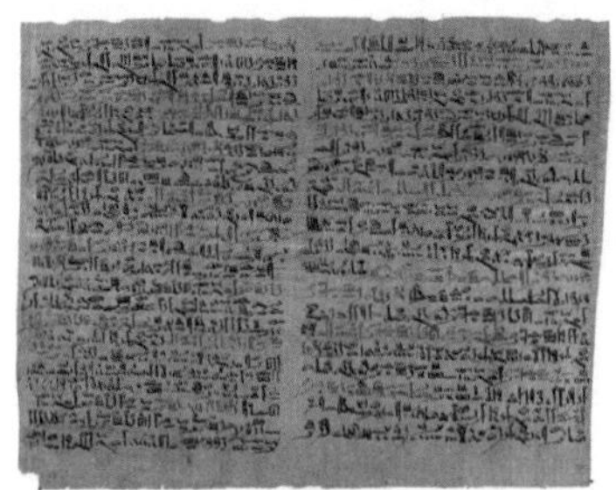

◀『린드 파피루스』

재미있는 것은 당시 이집트에서는 $\frac{2}{3}$를 제외하고 분자가 1인 분수들만 사용했다는 사실이다. 분자와 분모를 사용하는 방식은 그리스 시대에 나타났으며, 분자를 분모 위에 쓰는 방식은 6세기경 인도에서 사용되었다고 하니, 이집트가 분수의 개념을 가장 먼저 사용한 것으로 볼 수 있다.

이집트 시대에는 국가가 노동자들에게 돈 대신 빵을 주었다고 한다. 그런데 4명의 노동자에게 3개의 빵을 나누어 주거나 10명의 노동자에게 9개의 빵을 나누어 주어야 한다면, 한 사람에게 빵을 얼마만큼 주어야 할까? 이렇게 이집트 사람들은 공평함을 위해서 아래와 같이 새로운 숫자인 분수를 쓰게 된 것이다. 먹을 빵을 나누어 주기 위해서 분수가 사용되기 시작했으므로 분수를 나타낼 때는 '열린 입' 모양을 사용했다고 한다.

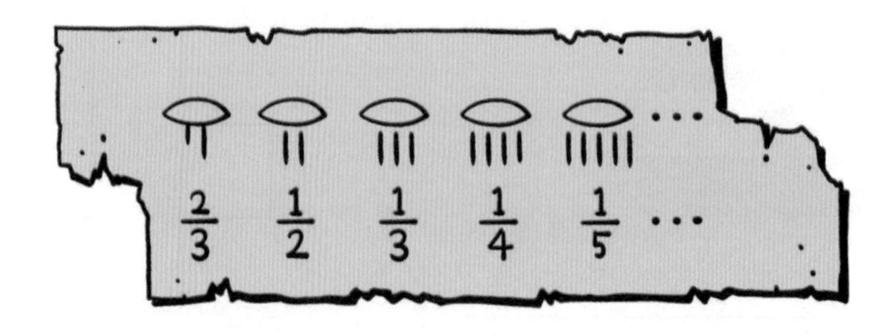

* **고고학자**: 유물과 유적을 통하여 옛 인류의 생활, 문화 따위를 연구하는 학문을 공부하는 사람
* **기원전**: 기원 원년 이전. 주로 예수가 태어난 해를 원년으로 한다.

1 글의 내용으로 알맞지 않은 것은? (　　　　)

① 1858년 영국의 탐험가 린드는 두루마리로 된 책을 발견했다.
② 독일의 아이젠롤은 두루마리 책이 이집트 최초의 수학책임을 밝혀냈다.
③ 두루마리 책은 이집트 최초의 수학책을 발견한 사람의 이름을 따『린드 파피루스』라고 불리게 되었다.
④ 기원전 이집트에서는 분자가 1인 분수들만 사용했다.
⑤ 기원전 1650년경 이집트에서는 이미 분수를 사용하고 있었다.

2 분수를 가장 먼저 사용한 나라는? (　　　　)

① 영국　② 그리스　③ 로마
④ 이집트　⑤ 인도

3 주어진 그림에 $\frac{2}{3}$만큼 색칠해 보세요.

(1) 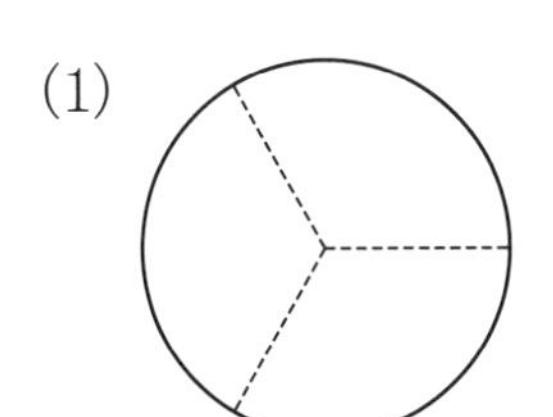

(2) 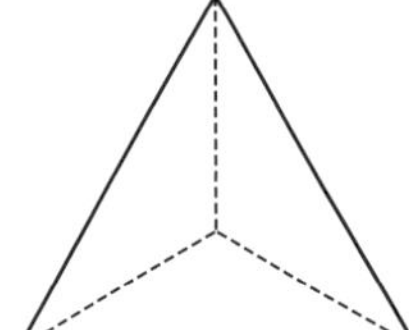

(3) 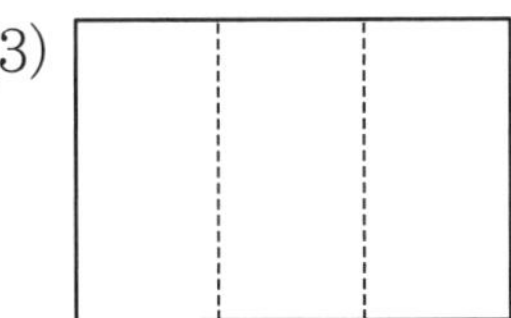

4 4명의 노동자에게 빵 3개를 똑같이 나누어 주면 한 사람이 얼마만큼의 빵을 먹을 수 있는지 분수로 나타내어 보세요.

(　　　　　　　　)

5 10명의 노동자에게 빵 9개를 똑같이 나누어 주면 한 사람이 얼마만큼의 빵을 먹을 수 있는지 분수로 나타내어 보세요.

(　　　　　　　　)

19
분수와 소수

분모가 같은 분수의 크기 비교

step 1 30초 개념

• 분모가 같은 분수의 크기를 비교하는 방법

① $\frac{2}{4}$와 $\frac{3}{4}$을 그림을 그려 크기를 비교하면 $\frac{2}{4}<\frac{3}{4}$입니다.

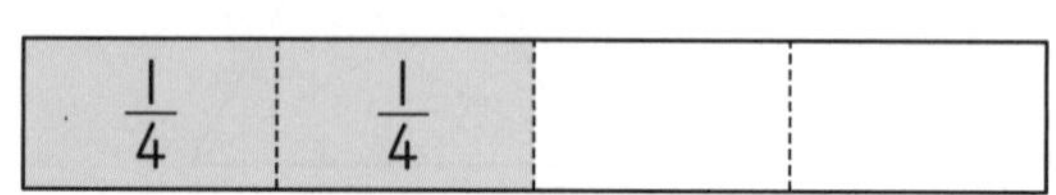

$\frac{3}{4}$ | $\frac{1}{4}$ | $\frac{1}{4}$ | $\frac{1}{4}$

② $\frac{2}{4}$는 단위분수 $\frac{1}{4}$이 2개이고, $\frac{3}{4}$은 단위분수 $\frac{1}{4}$이 3개이므로 $\frac{2}{4}<\frac{3}{4}$입니다.

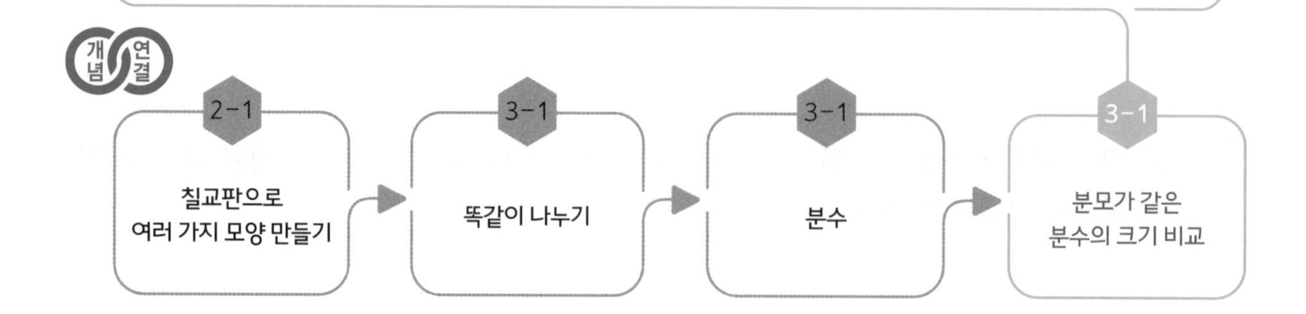

step 2 설명하기

질문 ❶ 단위분수의 개수를 이용하여 $\frac{4}{6}$와 $\frac{3}{6}$의 크기를 비교해 보세요.

설명하기 $\frac{4}{6}$는 단위분수 $\frac{1}{6}$이 4개이고, $\frac{3}{6}$은 단위분수 $\frac{1}{6}$이 3개이므로 $\frac{4}{6}>\frac{3}{6}$입니다.

분모가 같으면 단위분수 $\frac{1}{■}$이 몇 개인지를 비교하면 됩니다. 따라서 분자의 크기를 비교해서 분자가 큰 분수가 더 큽니다.

질문 ❷ 그림을 그려서 $\frac{3}{8}$, $\frac{7}{8}$, $\frac{6}{8}$의 크기를 비교해 보세요.

$\frac{3}{8}$

$\frac{7}{8}$

$\frac{6}{8}$

설명하기 $\frac{3}{8}$, $\frac{7}{8}$, $\frac{6}{8}$을 동시에 같은 띠에 그려 크기를 비교하면 $\frac{3}{8}<\frac{6}{8}<\frac{7}{8}$입니다.

$\frac{3}{8}$

$\frac{7}{8}$

$\frac{6}{8}$

따라서 $\frac{3}{8}$, $\frac{7}{8}$, $\frac{6}{8}$에서 가장 큰 분수는 $\frac{7}{8}$이고, 가장 작은 분수는 $\frac{3}{8}$입니다.

1 주어진 분수만큼 색칠해 보세요.

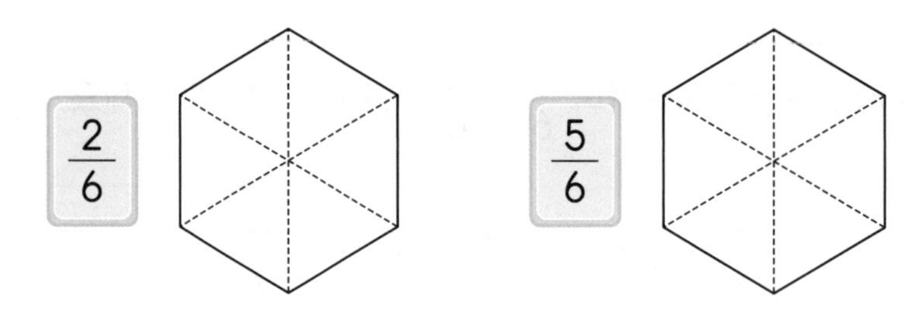

2 도형의 색칠한 부분을 분수로 나타내고 ◯ 안에 >, =, <를 알맞게 써넣으세요.

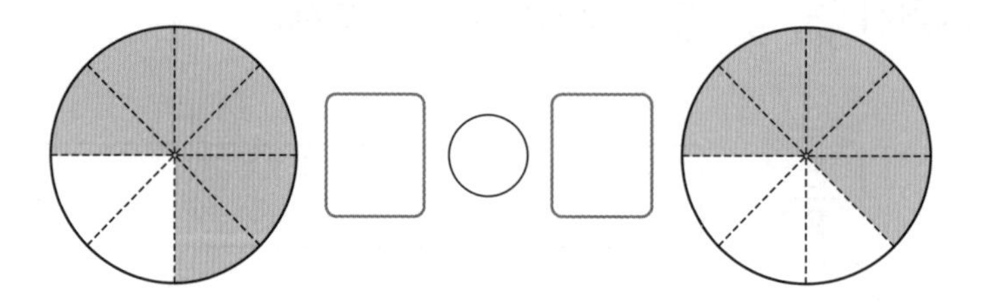

3 알맞은 말을 찾아 ○표 해 보세요.

(1) $\frac{1}{7}$은 $\frac{3}{7}$보다 더 (큽니다 , 작습니다).

(2) $\frac{5}{7}$는 $\frac{4}{7}$보다 더 (큽니다 , 작습니다).

4 두 분수의 크기를 비교하여 ◯ 안에 >, =, <를 알맞게 써넣으세요.

(1) $\frac{5}{8}$ ◯ $\frac{2}{8}$

(2) $\frac{2}{9}$ ◯ $\frac{7}{9}$

5 다음 중 가장 작은 분수는? (　　　　)

① $\frac{4}{17}$　② $\frac{2}{17}$　③ $\frac{5}{17}$　④ $\frac{11}{17}$　⑤ $\frac{10}{17}$

6 세 분수를 큰 수부터 차례로 써 보세요.

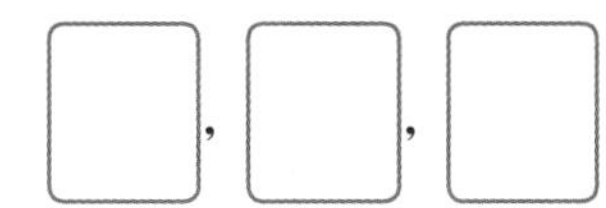

□, □, □

7 분수의 크기 비교가 잘못된 것은? (　　　　)

① $\frac{2}{4}>\frac{1}{4}$　② $\frac{3}{5}<\frac{4}{5}$　③ $\frac{4}{7}>\frac{6}{7}$

④ $\frac{1}{3}<\frac{2}{3}$　⑤ $\frac{6}{8}>\frac{5}{8}$

step 4 도전 문제

8 1부터 9까지의 수 중에서 □ 안에 들어갈 수 있는 수는 모두 몇 개일까요?

$\frac{\square}{16}<\frac{7}{16}$

(　　　　　　　)

9 가을이와 봄이 중 더 큰 분수를 말한 사람은 누구일까요?

가을: $\frac{1}{12}$이 9개인 수

봄: $\frac{1}{12}$이 7개인 수

(　　　　　　　)

친구의 음식 사랑

여름아, 우리 피자 먹자!
방금 밥 먹었는데? 그래도 좋아. 한 판씩은 먹어야지~
PIZZA
PIZZA
난 8조각 중에 5조각 먹었어.
난 이제 4조각 먹었어.
피자도 먹었으니 이제 후식※을 먹어 볼까? 후식 배는 따로 있지.
나는 카스테라 먹고 싶어. 내가 사 올게.
PIZZA
맛있겠다. 그거 알아? 카스테라는 처음에 스페인에서 시작됐대. 원래는 카스텔라였는데, 일본에 넘어가면서 카스테라라고 불리기 시작했대.
MILK
MILK
피자는 이탈리아에서 시작됐고, 카스테라는 스페인에서 시작된 거네!
그러고 보니 우리 오늘 다양한 나라의 음식을 먹고 있어. 신난다!
봄이 너는 카스테라 얼마나 먹었어?
나는 6등분 한 것 중에 3조각을 먹었어. 우유랑 먹으니까 쑥쑥 넘어가네.
나도 6등분 했는데, 이야기하느라 2조각 밖에 못 먹었어.
아, 맛있게 잘 먹었다. 우리 이제 저녁에는 치킨 어때?
좋지.

1 다음 중 봄, 여름이가 먹은 음식을 모두 고르세요. (　　　　　)

① 떡볶이　　② 볶음밥　　③ 피자　　④ 치킨　　⑤ 카스테라

2 카스테라가 처음 만들어진 나라는? (　　　　　)

① 이탈리아　　② 한국　　③ 인도　　④ 스페인　　⑤ 일본

3 봄, 여름이가 먹은 피자의 양을 비교해 보려고 합니다. 물음에 답하세요.

(1) 봄, 여름이가 먹은 피자의 양을 다음 그림에 표시하고 분수로 나타내어 보세요.

	봄	여름
그림		
분수		

(2) 피자를 누가 더 많이 먹었나요? (　　　　　)

4 봄, 여름이가 먹은 카스테라의 양을 비교해 보려고 합니다. 물음에 답하세요.

(1) 봄, 여름이가 먹은 카스테라의 양을 다음 그림에 표시하고 분수로 나타내어 보세요.

	봄	여름
그림		
분수		

(2) 카스테라를 누가 더 많이 먹었을까요? (　　　　　)

20 분수와 소수

단위분수의 크기 비교

step 1 30초 개념

• 단위분수: 분수 중에서 $\frac{1}{2}$, $\frac{1}{3}$, $\frac{1}{4}$, $\frac{1}{5}$ …… 과 같이 분자가 1인 분수를 단위분수라고 합니다.

단위분수의 크기는 종이띠 조각의 길이를 이용하여 비교할 수 있습니다.

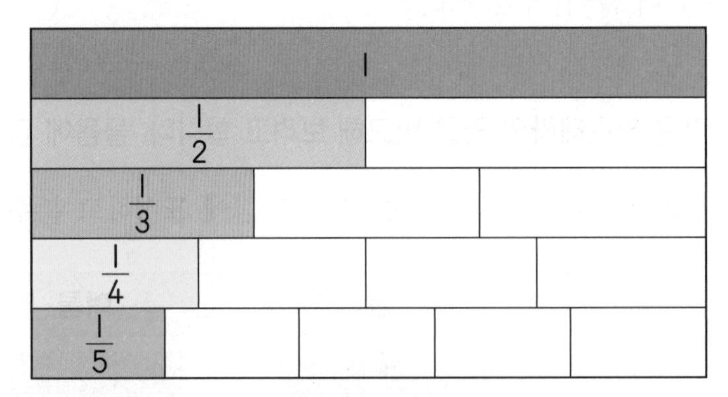

개념 연결

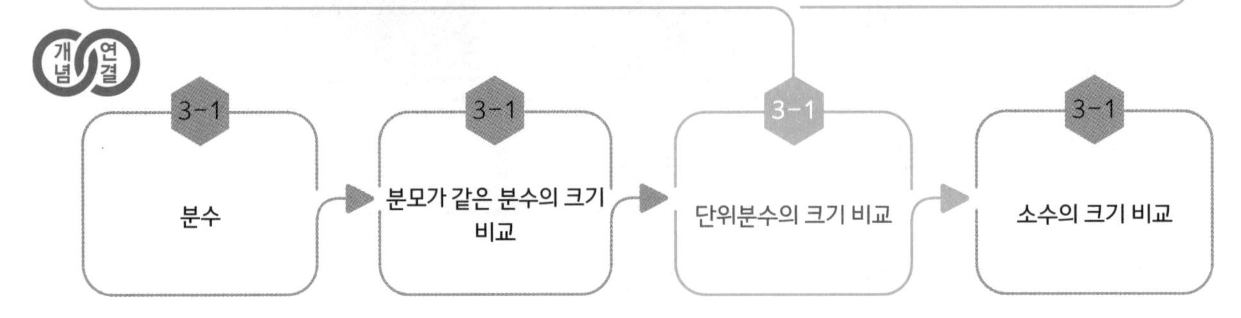

step 2 설명하기

질문 ❶ 길이가 1인 수직선을 똑같은 크기로 잘라서 $\frac{1}{3} > \frac{1}{5}$임을 설명해 보세요.

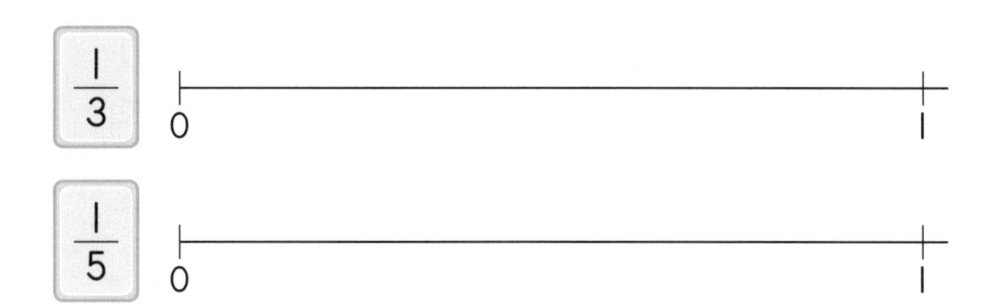

설명하기 $\frac{1}{3}$과 $\frac{1}{5}$을 수직선에 나타내고 크기를 비교하면 $\frac{1}{3} > \frac{1}{5}$임을 알 수 있습니다.

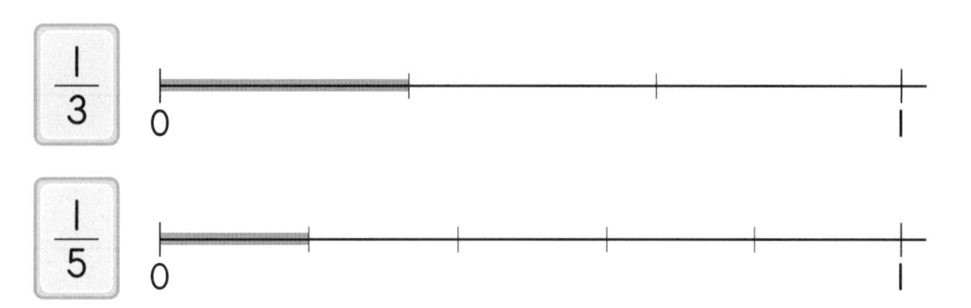

질문 ❷ 분수 원판에 단위분수를 나타내어 $\frac{1}{4} < \frac{1}{3}$임을 설명해 보세요.

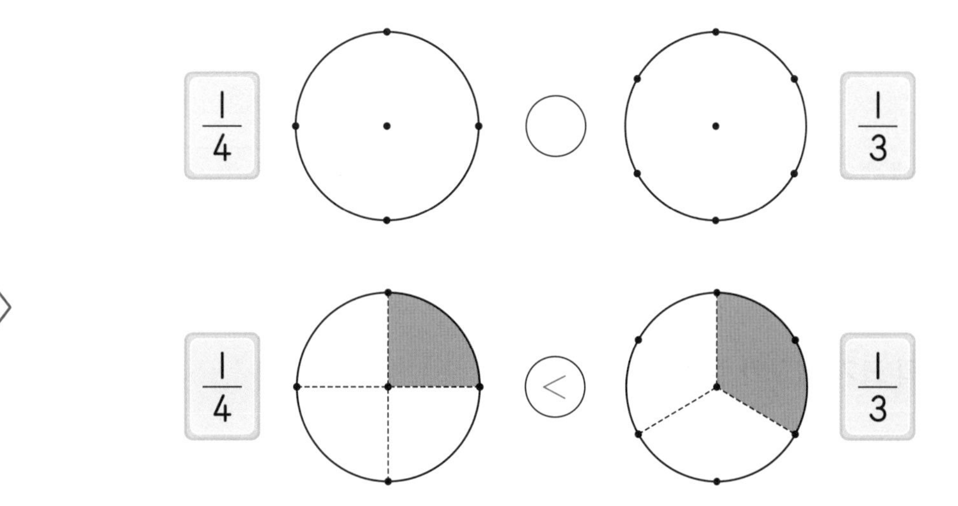

단위분수의 분모가 작을수록 분수 원판에서 차지하는 크기가 크므로 더 큽니다.
단위분수의 분모가 클수록 분수 원판에서 차지하는 크기가 작으므로 더 작습니다.

1 □ 안에 알맞은 분수를 써넣으세요.

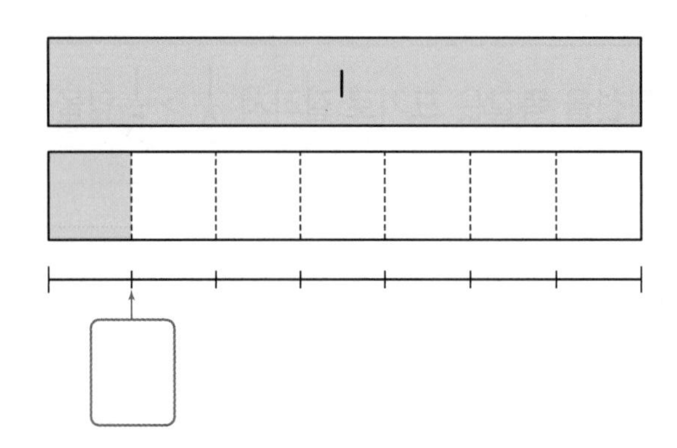

2 그림을 보고 ◯ 안에 >, =, <를 알맞게 써넣으세요.

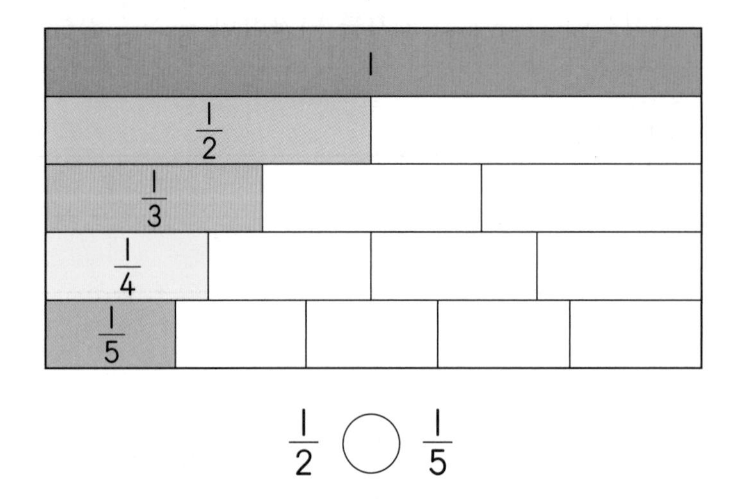

$\frac{1}{2}$ ◯ $\frac{1}{5}$

3 □ 안에 알맞은 말을 써넣으세요.

분수 중에서 $\frac{1}{2}$, $\frac{1}{3}$, $\frac{1}{4}$, $\frac{1}{5}$ ······과 같이 분자가 1인 분수를 □라고 합니다.

4 단위분수의 크기 비교가 잘못된 것은? (　　　　)

① $\frac{1}{3}>\frac{1}{5}$　② $\frac{1}{2}<\frac{1}{6}$　③ $\frac{1}{4}>\frac{1}{7}$

④ $\frac{1}{5}<\frac{1}{4}$　⑤ $\frac{1}{8}<\frac{1}{6}$

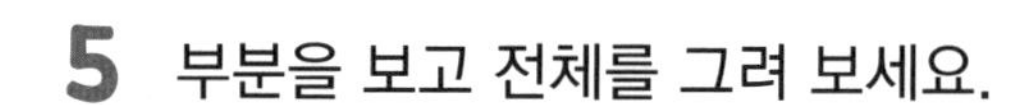

5 부분을 보고 전체를 그려 보세요.

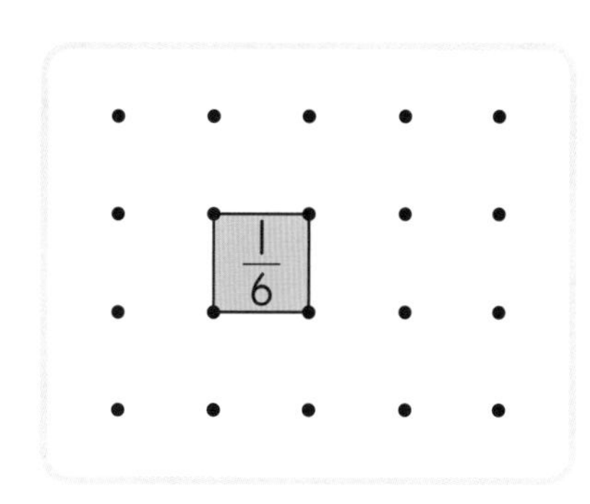

6 가장 큰 분수에 ○표, 가장 작은 분수에 △표 해 보세요.

$\frac{1}{13}$ $\frac{1}{10}$ $\frac{1}{5}$ $\frac{1}{6}$

step 4 도전 문제

7 단위분수를 작은 수부터 차례로 써 보세요.

$\frac{1}{4}$ $\frac{1}{7}$ $\frac{1}{6}$ $\frac{1}{9}$

□ ➡ □ ➡ □ ➡ □

8 □ 안에 들어갈 수 있는 모든 수의 합을 구해 보세요.

$\frac{1}{4} > \frac{1}{\square} > \frac{1}{10}$

( )

삼 형제의 밭매기

옛날 어느 마을에 삼 형제가 살았다. 삼 형제의 아버지는 홀로 농사를 지으며 어렵게 삼 형제를 키웠다. 하지만 세 아들은 열심히 일하지 않았다. 그래서 늘 부지런히 일하는 아버지는 걱정이 많았다.

어느 날 아버지가 세 아들에게 말했다.

"얘들아, 이 아비가 이제 나이가 들어서 농사일하기가 힘들구나. 너희들이 땅을 물려받아 일할 때가 되었어."

아버지가 이어서 말했다.

"아무래도 성실한 사람에게 더 많은 땅을 물려줘야겠지. 오늘 너희에게 같은 크기의 밭을 내어 줄 테니 하루 동안 매어* 보거라. 가장 많은 땅을 맨 사람에게 더 많이 물려줄 것이다."

세 아들은 하루 동안 밭을 매었다. 그리고 저녁이 되어 한자리에 모였다.

"나는 밭의 4분의 1만큼을 매었어."

첫째가 말했다.

둘째는 "나는 밭의 3분의 1만큼을 매었으니 형보다 더 많은 땅을 매었겠네요." 하고 말했다.

그러자 셋째가 말했다.

"저는 밭의 5분의 1만큼을 매었어요. 큰형은 3, 작은 형은 4, 저는 5니까 제가 가장 많이 매었지요?"

셋째의 말에 둘째가 버럭 화를 냈다.

"아니래도! 내가 가장 많이 매었어."

삼 형제는 누구도 정확한 답을 알지 못해 서로 멀뚱멀뚱* 바라볼 뿐이었다.

* **매다**: 논밭에 난 잡풀을 뽑다.
* **멀뚱멀뚱**: 눈만 둥그렇게 뜨고 다른 생각이 없이 물끄러미 쳐다보는 모양

1 이야기 순서대로 기호를 써 보세요.

㉠ 삼 형제는 각자 자기가 밭을 가장 많이 매었다고 주장했다.
㉡ 삼 형제가 하루 동안 밭을 매었다.
㉢ 아버지가 홀로 삼 형제를 길렀다.
㉣ 아버지가 밭을 물려줄 것이라고 말했다.

(➡ ➡ ➡)

2 아버지는 어떤 사람에게 땅을 더 많이 물려준다고 했는지 빈칸에 알맞은 말을 써넣으세요.

☐☐한 사람

3 삼 형제가 맨 밭을 각각 그림으로 나타내어 보세요.

(1) 첫째 (2) 둘째 (3) 셋째

4 삼 형제 중에서 밭을 가장 많이 맨 사람부터 가장 적게 맨 사람까지 차례로 써 보세요.

( )

5 단위분수의 크기를 비교하는 방법으로 옳은 것은? ( )

① 분자의 크기가 크면 더 큰 수이다.
② 분모의 크기가 크면 더 큰 수이다.
③ 분모의 크기가 작으면 더 큰 수이다.
④ 분자의 크기가 작으면 더 큰 수이다.
⑤ 단위분수의 개수를 비교한다.

step 1 30초 개념

• 소수를 쓰고 읽기

$\frac{1}{10}$, $\frac{2}{10}$, $\frac{3}{10}$ …… $\frac{9}{10}$를 0.1, 0.2, 0.3 …… 0.9라 쓰고 영 점 일, 영 점 이, 영 점 삼 …… 영 점 구라고 읽습니다.

0.1, 0.2, 0.3과 같은 수를 소수라 하고 '.'을 소수점이라고 합니다.

$\frac{1}{10}$	$\frac{2}{10}$	$\frac{3}{10}$	$\frac{4}{10}$	$\frac{5}{10}$	$\frac{6}{10}$	$\frac{7}{10}$	$\frac{8}{10}$	$\frac{9}{10}$

0 0.1 0.2 0.3 0.4 0.5 0.6 0.7 0.8 0.9 1

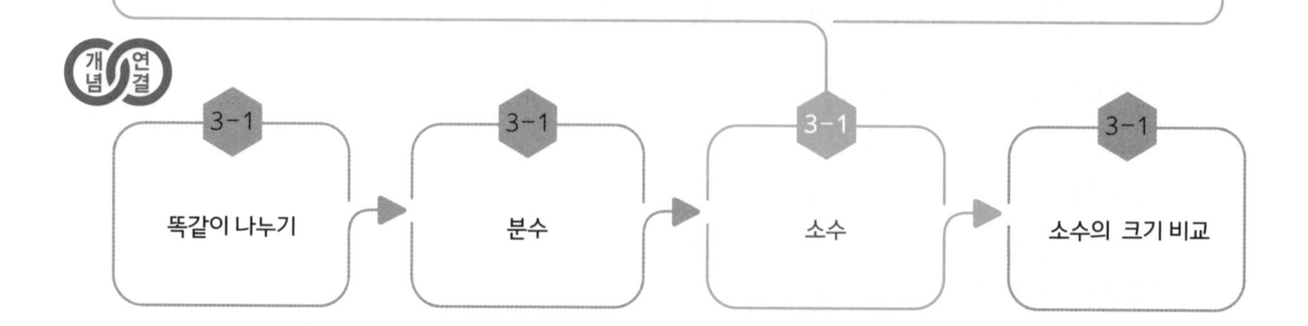

step 2 설명하기

질문 ① 색칠한 선의 길이를 써 보세요.

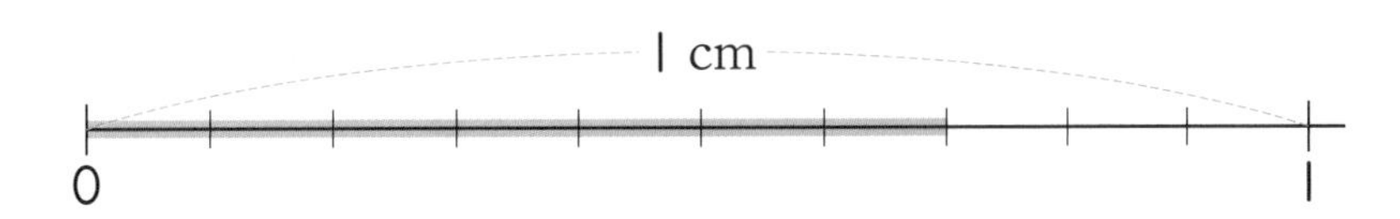

설명하기 1 cm보다 짧은 길이를 재기 위해 1 cm를 똑같이 10으로 나눈 것 중 하나는 $\frac{1}{10}$ cm입니다. 이것을 1 mm라고도 합니다.

색칠한 선의 길이는 $\frac{1}{10}$이 7개이므로 $\frac{7}{10}$ cm입니다.

질문 ② 다음 그림을 소수로 나타내어 보세요.

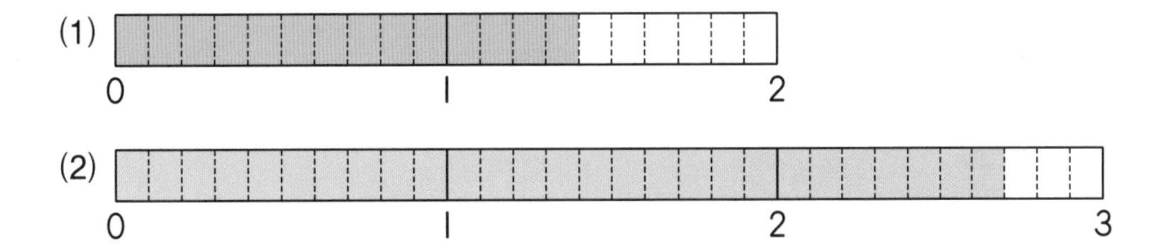

설명하기 (1) 1과 전체를 똑같이 10으로 나눈 것 중의 4이므로 1과 0.4만큼인 1.4입니다.
(2) 2와 전체를 똑같이 10으로 나눈 것 중의 7이므로 2와 0.7만큼인 2.7입니다.

1 색칠한 부분을 분수와 소수로 나타내어 보세요.

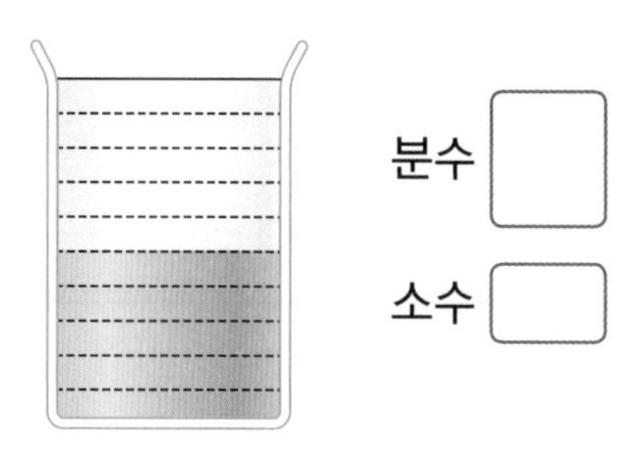

분수 ☐

소수 ☐

2 분수를 소수로 나타내어 보세요.

(1) $\frac{3}{10}$=☐ (2) $\frac{5}{10}$=☐

(3) $\frac{6}{10}$=☐ (4) $\frac{9}{10}$=☐

3 같은 것끼리 선으로 이어 보세요.

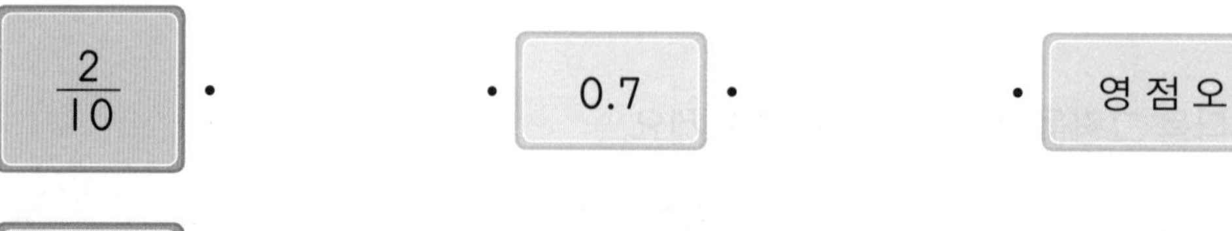

$\frac{2}{10}$ •	• 0.7 •	• 영 점 오
$\frac{5}{10}$ •	• 0.5 •	• 영 점 이
$\frac{7}{10}$ •	• 0.2 •	• 영 점 칠

4 지우개의 길이는 몇 cm인지 소수로 나타내어 보세요.

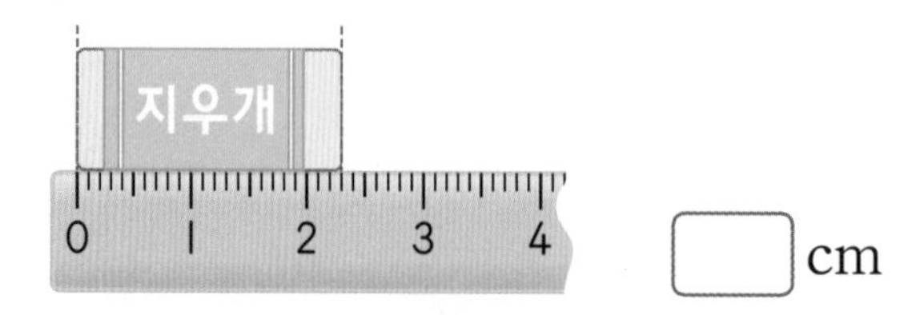

☐cm

5 □ 안에 알맞은 소수를 써넣으세요.

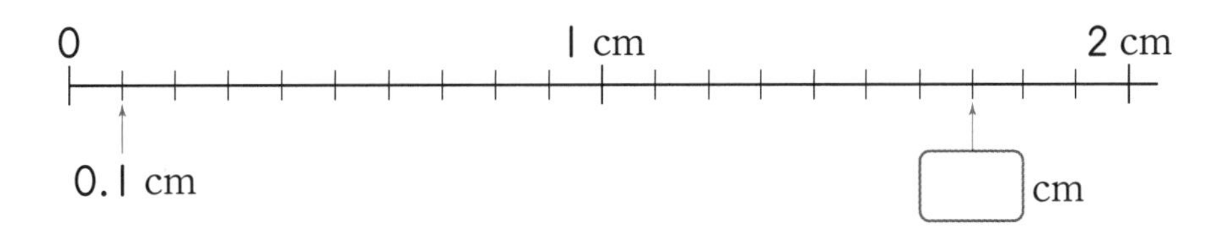

6 잘못된 것을 찾아 기호를 써 보세요.

㉠ 53 mm=5.3 cm
㉡ 10 cm 1 mm=10.1 cm
㉢ 10 cm 6 mm=16 mm

( )

7 일기 예보를 보고 내일 서울 지역에 비가 몇 cm 내릴지 소수로 나타내어 보세요.

> 내일은 전국에 비가 내리겠습니다. 서울 지역에서는 오전에 25 mm, 오후에 38 mm의 비가 내리겠습니다.

( )

8 시은이는 어제 컵에 우유를 가득 채워 $\frac{1}{10}$만큼을 마셨고, 오늘 $\frac{3}{10}$만큼을 마셨습니다. 시은이가 마시고 남은 우유의 양을 소수로 나타내어 보세요.

( )

소수의 탄생

약 400년 전 벨기에 군대에 스테빈이라는 장교가 있었다. 당시 벨기에는 스페인과 독립 전쟁을 치르던 중이었는데, 막대한* 전쟁 비용을 마련하려면 여기저기서 빚을 내야 했다. 스테빈은 군대의 돈을 관리하고 있었기 때문에 이자를 계산해야 하는 경우가 많았다.

'내일 빌린 돈의 이자를 내야 하는군. 이자가 빌린 돈의 $\frac{1}{10}$이고, 빌린 돈이 100프랑*이니까 10프랑을 이자로 내면 되겠군.'

그런데 이자 계산이 언제나 쉬운 것만은 아니었다.

'이번에는 이자가 $\frac{1}{11}$이네.'

이런 경우에는 계산하기가 복잡했다. 그래서 스테빈은 생각했다.

'이자를 정할 때, 분모를 10, 100, 1000과 같이 해야겠어. 그러면 계산하기 쉬울 거야!'

스테빈은 이를 바탕으로 1582년 이자 계산표를 책으로 만들어 출간했고, 1585년『10분의 1에 관하여』라는 소책자에서 소수 계산을 최초로 설명했다.

그러던 어느 날 스테빈은 또 불편한 점을 발견했다.

'$\frac{1}{10}$과 $\frac{1}{100}$은 어느 것이 큰 수인지 쉽게 알 수 있는데, 숫자가 많아지면 크고 작은 수를 알기가 어려워.'

그로부터 약 40년 뒤, 스테빈은 수를 다음과 같이 표기*하기로 했다.

3①4②2③8④ 2①8②9③7④1⑤2⑥

①, ②, ③, ④는 각각 소수 첫째 자리, 둘째 자리, 셋째 자리 등을 나타낸다. 위의 두 수 중에서 ① 자리의 수를 비교하면 왼쪽이 더 크다는 것을 바로 알 수 있다. 이는 지금의 소수인 0.3428과 0.289712와 똑같다.

* 막대하다: 더할 나위 없이 많거나 크다.
* 프랑: 프랑스, 스위스, 벨기에의 화폐 단위
* 표기: 문자 또는 음성 기호로 언어를 표시함.

1 스테빈은 이자를 쉽게 계산하기 위해서 이자를 정할 때 분모가 얼마인 분수를 사용해야겠다고 생각했는지 찾아 써 보세요.

( )

2 분모를 문제 1과 같이 나타냈을 때도 스테빈이 불편하게 생각했던 점은? ( )

① 이자의 계산이 어려웠다.
② 숫자가 많아지면 수의 크기를 비교하기가 어려웠다.
③ 이자를 내 마음대로 정할 수 없었다.
④ 이자율이 매번 달라졌다.
⑤ 이자를 많이 지불해야 했다.

3 스테빈의 표기법에서 각각이 나타내는 의미를 바르게 연결해 보세요.

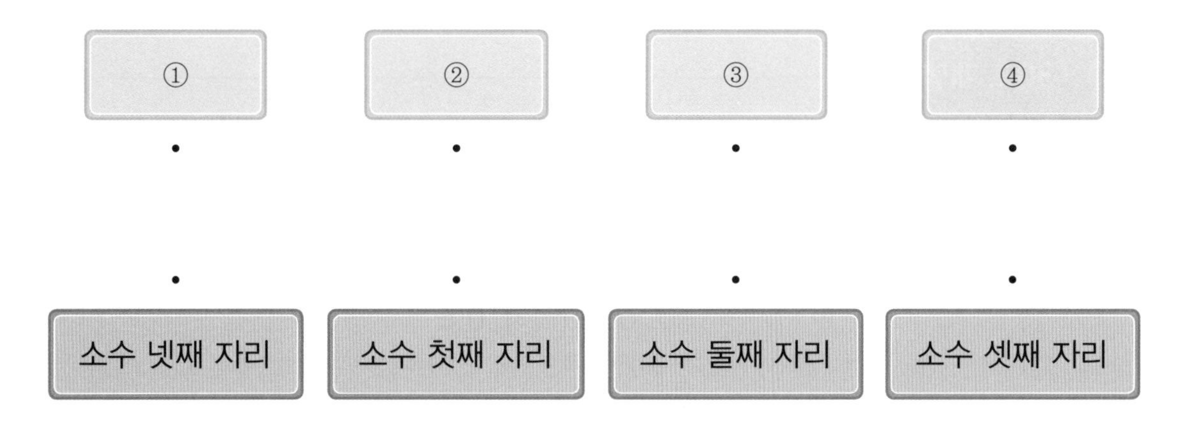

4 다음 분수를 소수로 나타내면 각각 얼마인지 써 보세요.

(1) $\frac{1}{10}$　　　(2) $\frac{1}{100}$

5 0.543을 스테빈의 표기법으로 나타내어 보세요.

( )

22 소수의 크기 비교

분수와 소수

step 1 30초 개념

- 소수의 크기를 비교하는 방법을 정리하면 다음과 같습니다.
  (1) 띠나 수직선에 그림을 그려서 크기를 비교합니다.
  (2) 단위소수 0.1의 개수를 이용하여 크기를 비교합니다.

$$\underset{0.1\text{이 }3\text{개}}{\underline{0.3}} \ \textcircled{<} \ \underset{0.1\text{이 }6\text{개}}{\underline{0.6}}$$

  (3) 자연수 부분의 크기를 비교하여 큰 쪽이 더 큰 수입니다. 만약 자연수 부분이 같으면 소수 부분을 비교하여 큰 쪽이 더 큰 수입니다.

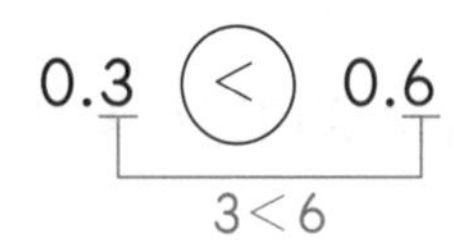

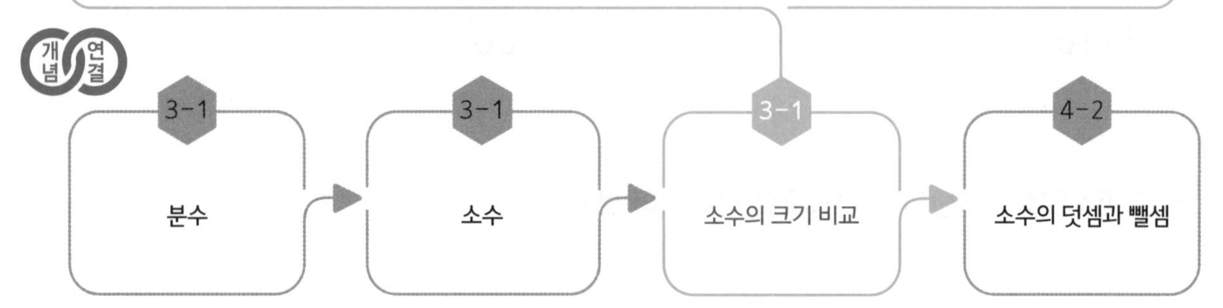

step 2 설명하기

질문 ❶ 그림을 그려 $0.3<0.6$임을 설명해 보세요.

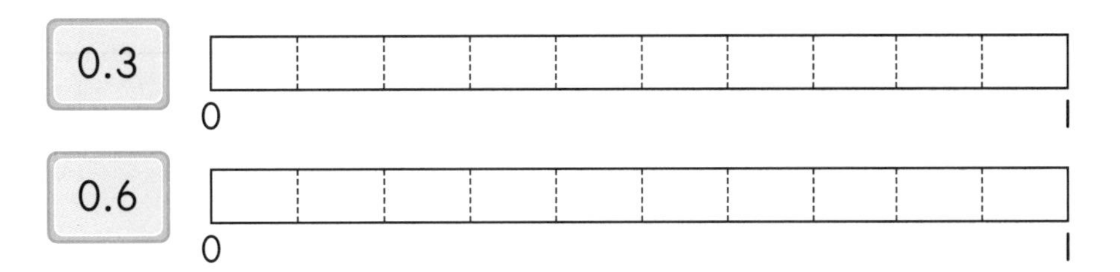

설명하기 1을 똑같이 10으로 나눈 한 칸의 길이는 0.1이므로 0.3은 3칸 색칠하고, 0.6은 6칸 색칠합니다.
그림을 비교해 보면 0.6이 0.3보다 더 큽니다.

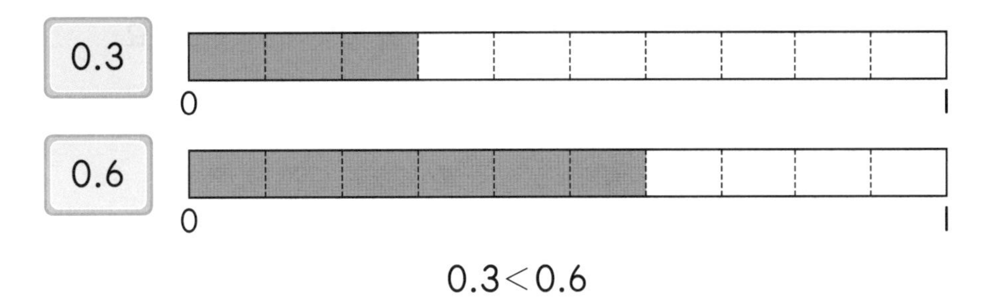

질문 ❷ 수직선을 이용하여 $1.9<2.4$임을 설명해 보세요.

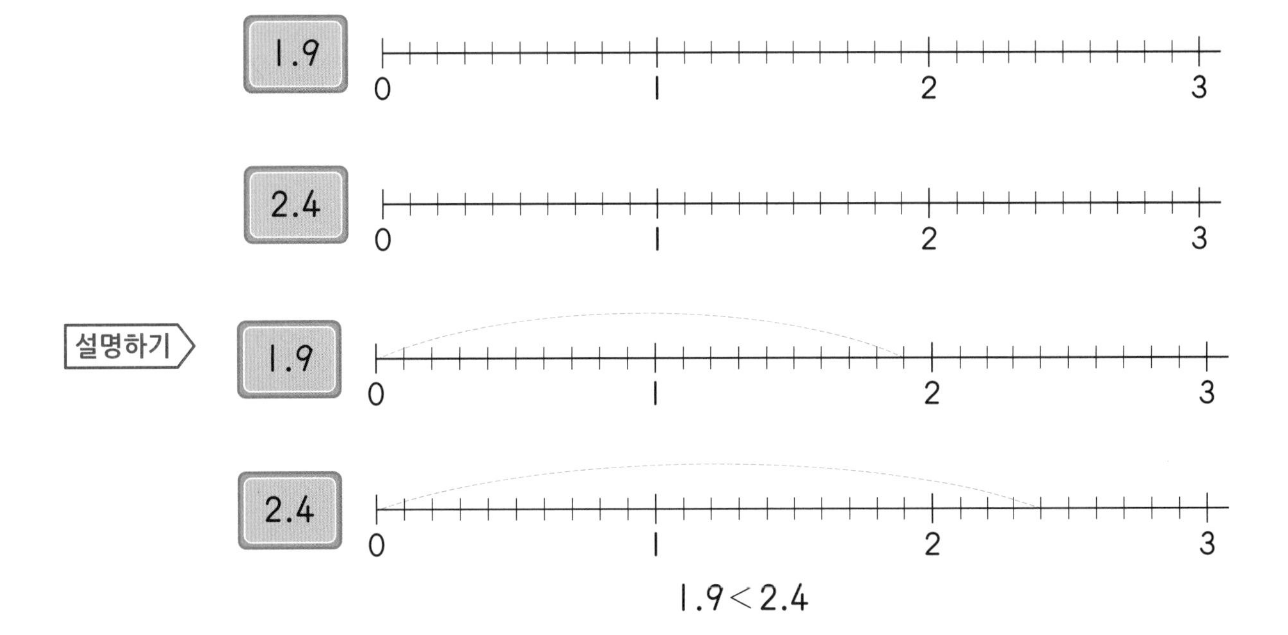

1 소수만큼 색칠하고 두 소수의 크기를 비교하여 ◯ 안에 >, =, <를 알맞게 써넣으세요.

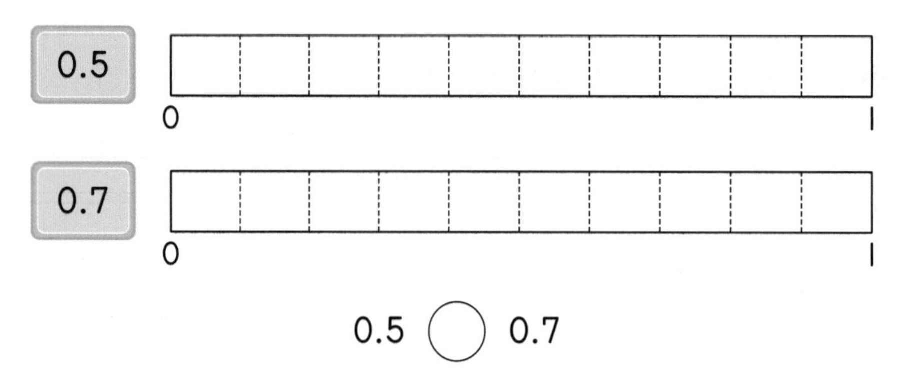

0.5 ◯ 0.7

2 두 소수의 크기를 비교하여 ◯ 안에 >, =, <를 알맞게 써넣으세요.

(1) 6.3 ◯ 7.1　　　　(2) 10.1 ◯ 9.9

3 가장 큰 수에 ○표, 가장 작은 수에 △표 해 보세요.

0.1이 7개인 수　　2.1　　0.1이 15개인 수　　2.4

4 여러 가지 물건의 길이를 나타낸 것입니다. 길이가 가장 긴 물건은 어느 것인가요?

- 연필: 10.4 cm
- 가위: 13.1 cm
- 딱풀: 8.9 cm
- 색연필: 11.8 cm

(　　　　　　　　)

5 1부터 9까지의 수 중에서 □ 안에 들어갈 수 있는 모든 수의 개수는? (　　　)

$$0.1 < 0.\square < \frac{6}{10}$$

① 2개　② 3개　③ 4개　④ 5개　⑤ 6개

6 ㉠과 ㉡의 합을 구해 보세요.

- 3.7은 0.1이 ㉠ 개입니다.
- ㉡ 와 0.2만큼은 4.2입니다.

(　　　　　　)

step 4 도전 문제

7 선우, 강, 산이가 가지고 있는 철사의 길이를 보고 가장 긴 철사를 가지고 있는 사람의 이름을 써 보세요.

선우	강	산
6.9 cm	6 cm 7 mm	63 mm

(　　　　　　)

8 더 큰 수를 나타낸 것의 기호를 써 보세요.

㉠ 9와 0.9만큼인 수
㉡ 0.1이 89개인 수

(　　　　　　)

'세계 1위' 우상혁, 꾸준함으로 최고가 됐다!

'스마일 점퍼'라고 불리는 우상혁이 한국 선수로는 최초로 높이뛰기 세계 랭킹 1위에 올랐다. 우상혁은 29일(한국 시각) 세계육상연맹(WA) 세계 랭킹에서 1388점을 얻어 1위에 올랐다. 2020 도쿄올림픽 공동 금메달리스트로 1377점을 얻은 지안마르코 탐베리(이탈리아)를 11점 차이로 제친 것이다.

우상혁은 어린 시절부터 달리기를 좋아했다. 2006년 육상부가 있는 초등학교로 전학했으나 교통사고 후유증*으로 왼발과 오른 발의 길이가 10 mm 정도 차이 나게 되자 윤종형 코치가 높이뛰기로 종목을 바꿀 것을 권유했다*. 이후 윤 코치의 지도 아래 높이뛰기 종목을 준비했고, 2007년 전국 시도 대항 육상 경기 대회의 높이뛰기 초등학생부에 참가하여 1.45 m를 기록하며 금메달을 획득했다*. 우상혁은 어린 시절 교통사고로 인해 양발의 길이가 달랐으나, 이를 극복하기 위해 균형감 유지 훈련을 꾸준히 하고, 늘 긍정적인 마음가짐을 가졌다. 이는 2020 도쿄올림픽에서 나타난 그의 태도만 봐도 알 수 있다. 최근 5년간 그가 이룬 기록을 보자. 이러한 기록들이 모여서 우상혁은 마침내 세계 랭킹 정상에 올랐다.

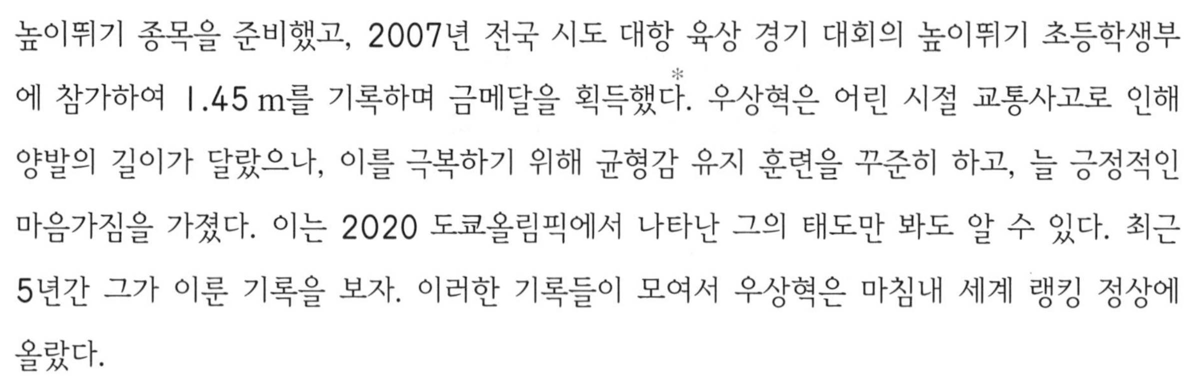

연도	대회	순위	기록
2017년	아시아 선수권 대회	1위	2.30 m
	세계 선수권 대회	25위	2.22 m
	유니버시아드	8위	2.20 m
2018년	아시안 게임	2위	2.28 m
2019년	아시아 선수권 대회	7위	2.19 m
2021년	올림픽	4위	2.35 m NR
2022년	세계 실내 선수권 대회	1위	2.34 m
	세계 선수권 대회	2위	2.35 m

• NR 국가 최고 기록(국가 신기록)

* **후유증**: 어떤 병을 앓고 난 뒤에도 남아 있는 증상
* **권유하다**: 어떤 일 따위를 하도록 권하다.
* **획득하다**: 얻어 내거나 얻어서 가지다.

1 이 기사는 어떤 소식을 다루고 있는지 빈칸에 알맞은 말을 써넣으세요.

□□□ 선수가 세계 랭킹 □□가 된 소식을 전한다.

2 우상혁 선수에 대한 설명으로 옳지 않은 것은? (　　　　)

① 어린 시절부터 달리기를 좋아했고, 육상부가 있는 초등학교로 전학을 했다.
② 교통사고 후유증으로 두 발의 길이가 달라졌다.
③ 윤 코치의 지도 아래 높이뛰기 종목으로 바꾸었다.
④ 2007년 전국 시도 대항 육상 경기 대회의 높이뛰기 초등학생부에서 은메달을 획득했다.
⑤ 균형감 유지 훈련을 꾸준히 하고, 늘 긍정적인 마음을 가졌다.

3 우상혁 선수가 2007년에 참가한 육상 경기의 높이뛰기 기록은 몇 m인가요?

(　　　　　　　　)

4 우상혁 선수는 2017년 아시아 선수권 대회와 2022년 세계 실내 선수권 대회 중 어느 대회에서 더 좋은 기록을 냈을까요?

(　　　　　　　　)

5 표에 제시된 기록 중에서 가장 낮은 기록은 몇 m인가요?

(　　　　　　　　)

01 받아올림이 없는 (세 자리 수)+(세 자리 수)의 계산

step 3 개념 연결 문제 (012~013쪽)

1 359
2 (식) 328+421=749
3 (1) 673 (2) 589 (3) 737 (4) 585
4 (식) 312+285=597 (답) 597명
5 688
6 >

step 4 도전 문제 (013쪽)

7 765
8 565

5 빈칸에는 515+173의 결과가 들어가야 합니다.

6 314+205=519이고,
300+217=517이므로
314+205 ⓥ 300+217입니다.

7 주어진 수 중에서 가장 큰 수는 644이고, 가장 작은 수는 121이므로
644+121=765입니다.

8 수 카드 1, 4, 3으로 만들 수 있는 가장 큰 수는 백의 자리에 가장 큰 수인 4, 십의 자리에 두 번째로 큰 수인 3, 일의 자리에 나머지 1이 들어가야 하므로 431이 되고, 가장 작은 수는 백의 자리에 가장 작은 수인 1, 십의 자리에 두 번째로 작은 수인 3, 일의 자리에 나머지 4가 들어가야 하므로 134가 됩니다.
따라서 가장 큰 수와 작은 수의 합은
431+134=565입니다.

step 5 수학 문해력 기르기 (015쪽)

1 ③
2 ㉡, ㉢, ㉠, ㉣
3 (1) ▲=2, ■=5, ●=9
(2) ★=6, ⬢=1 (3) 공항에 있다

1 도둑이 전시물을 훔쳐 갔으나 직접 등장하지는 않는다.

3 (1)

▲	3	6
+ 1	■	3
3	8	●

의 일의 자리부터 살펴보면 6+3=9이므로 ●=9입니다. 십의 자리에서는 3+■=8이므로 ■=5입니다. 백의 자리에서는 ▲+1=3이므로 ▲=2입니다.

(2)

★	4	5
+ 1	⬢	3
7	5	8

의 십의 자리부터 살펴보면 4+⬢=5이므로 ⬢=1입니다. 백의 자리에서 ★+1=7이므로 ★=6입니다.

(3) ▲ ■ ● ★ ⬢에 들어갈 수를 차례대로 배열하면 25961이고 이것을 표에 있는 글자와 연결시키면 공, 항, 에, 있, 다가 됩니다.

02 받아올림이 있는 (세 자리 수)+(세 자리 수)의 계산

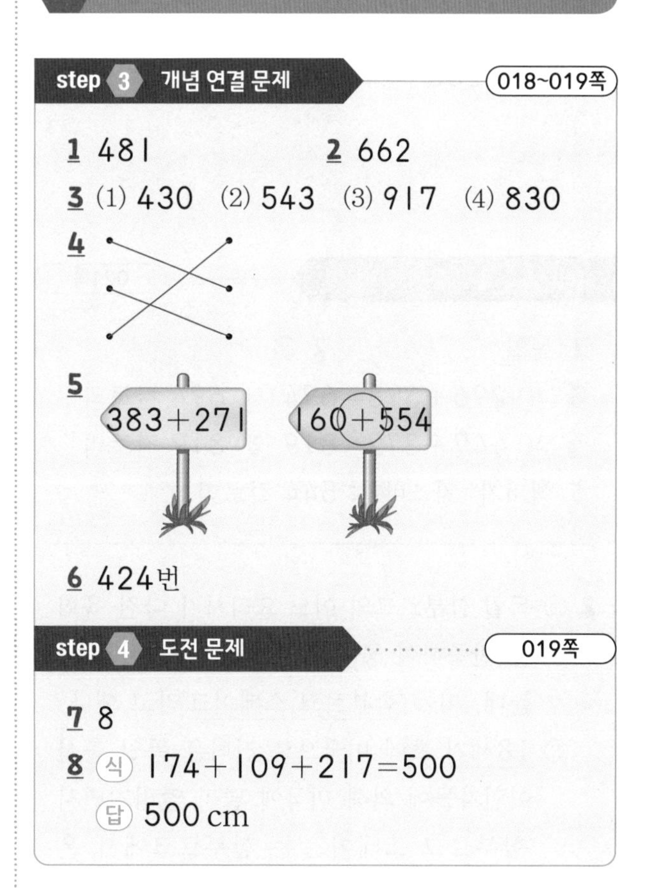

step 3 개념 연결 문제 (018~019쪽)

1 481
2 662
3 (1) 430 (2) 543 (3) 917 (4) 830
4
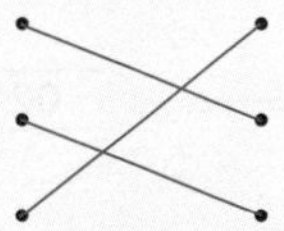
5

6 424번

step 4 도전 문제 (019쪽)

7 8
8 (식) 174+109+217=500
(답) 500 cm

2 수 모형이 나타내는 수는 543이고, 543보다 119 더 큰 수는 543+119=662입니다.

3 (1)

$$\begin{array}{r} ^{1} \\ 105 \\ +\,325 \\ \hline 430 \end{array}$$

(2)

$$\begin{array}{r} ^{1}\,^{1} \\ 274 \\ +\,269 \\ \hline 543 \end{array}$$

5 383+271=654이고, 160+554=714이므로 160+554의 계산 결과가 더 큽니다.

6 미래가 어제와 오늘 넘은 줄넘기의 수는 248+176=424(번)입니다.

7 일의 자리부터 보면 9+4=13이고, 십의 자리 숫자 1을 받아올립니다. 십의 자리의 계산에서 1+4+□=13이므로 □=8입니다.

8 시은이가 처음에 가지고 있던 색 테이프의 길이는 사용하고 빌려준 색 테이프의 길이 174+109=283(cm)와 남은 색 테이프의 길이 217 cm를 더하면 됩니다. 따라서 시은이가 처음에 가지고 있던 색 테이프의 길이는 283+217=500(cm)입니다.

step 5 수학 문해력 기르기 021쪽

1 독일 **2** ③
3 (식) 296+398=694 (답) 694 칼로리
4 (식) 447+372=819 (답) 819 칼로리
5 햄버거, 치즈버거; 544 칼로리

2 ① 독일 함부르크의 어느 요리사가 다진 육회를 반죽하여 뭉친 것을 불에 구워서 먹었는데, 이를 '함부르크 스테이크'라고 했다.
② 18세기 초에 미국으로 건너온 독일 출신 이민자들에 의해 미국에 널리 알려지면서 '함부르크 스테이크'는 함부르크에서 온 스테이크라는 이름의 '햄버그스테이크'로 불리게 되었다.
④ 1904년 세인트루이스 박람회에서 한 요리사가 샌드위치를 만들던 중 너무 바쁜 나머지 일반 고기 대신 함부르크 스테이크를 샌드위치 빵에 넣어 판매한 것이 오늘날 햄버거의 시작이 되었다.
⑤ 현재는 굉장히 다양한 종류의 햄버거가 있다.

5 가장 낮은 칼로리를 섭취하려면 가장 낮은 칼로리의 두 햄버거를 찾으면 됩니다.
칼로리가 가장 낮은 햄버거는 '햄버거'이고, 그다음은 '치즈버거'이므로 이 두 햄버거의 칼로리의 합은 248+296=544(칼로리)입니다. 따라서 가장 낮은 칼로리를 섭취하려면 햄버거와 치즈버거를 먹어야 하고, 칼로리의 합은 544 칼로리입니다.

03 받아내림이 없는 (세 자리 수)－(세 자리 수)의 계산

step 3 개념 연결 문제 024~025쪽

1 235, 340 **2** 303
3 (1) 210 (2) 414 (3) 542 (4) 218
4 (식) 377－175=202 (답) 202명
5 > **6** 442

step 4 도전 문제 025쪽

7 5 **8** 8, 9

2 수 모형이 나타내는 수는 백 모형 6개, 십 모형 5개, 일 모형 4개이므로 654입니다. 따라서 수 모형이 나타내는 수보다 351 작은 수는 654－351=303입니다.

5 864－612＝252이고,
352－121＝231이므로
864－612 ⓥ 352－121입니다.

6 100이 6개, 10이 5개, 1이 7개인 수는
657이고, 657과 215의 차는
657－215＝442입니다.

7 일의 자리에서 7－□＝2 ➡ □＝5
십의 자리에서 9－4＝□ ➡ □＝5이므로
공통으로 들어갈 수는 5입니다.

8 □78－341＞473
에서 □78－341을 계산하면 일의 자리는
7이 되고, 십의 자리 수는 3, 백의 자리 숫
자는 □－3이 됩니다.
백의 자리 숫자 □－3이 4보다 커야 하므로
1에서 9까지의 수 중에서 □ 안에 들어갈 수
있는 수는 8, 9입니다.

step 5 수학 문해력 기르기 027쪽

1 줄어든다 **2** ④
3 태아일 때 뼈의 수: 800개 쯤
태어날 때 뼈의 수: 약 305개
4 ㊅ 305－100＝205 ㊋ 약 205개
5 114개

2 ④ 뼈의 성장은 20대 후반에 멈춘다.

5 강아지의 뼈의 수는 319개이고, 사람(성인)의 뼈의 수는 205개이므로 강아지의 뼈의 수와 사람(성인)의 뼈의 수의 차는
319－205＝114(개)입니다.

04 받아내림이 있는 (세 자리 수)－(세 자리 수)의 계산

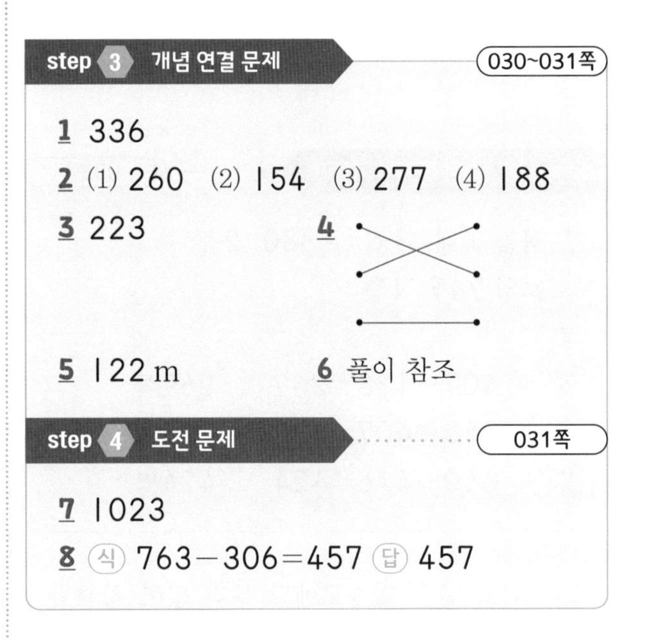

step 3 개념 연결 문제 030~031쪽

1 336
2 (1) 260 (2) 154 (3) 277 (4) 188
3 223 **4**
5 122 m **6** 풀이 참조

step 4 도전 문제 031쪽

7 1023
8 ㊅ 763－306＝457 ㊋ 457

1 523－187＝336

3 742－□가 519이므로
□＝742－519＝223입니다.

5 615－493＝122(m)입니다.

6 (바른 계산)

$$\begin{array}{r} {\scriptstyle 5\ 11\ 10} \\ \not{6}\ \not{2}\ 2 \\ -\ 2\ 9\ 3 \\ \hline 3\ 2\ 9 \end{array}$$

(이유)

$$\begin{array}{r} 6\ 2\ 2 \\ -\ 2\ 9\ 3 \\ \hline 4\ 2\ 9 \end{array}$$

의 백의 자리 계산을 보면 6에서 받아내림하고 남은 수 5에서 2를 빼어 백의 자리 결과가 3이어야 하는데, 4로 잘못 계산했습니다.

7 어떤 수에 645를 더해야 할 것을 546을 더했더니 924가 되었다면 어떤 수는
924－546＝378입니다.
바르게 계산하면 378＋645＝1023입니다.

8 수 카드의 수 0, 3, 6, 7로 만들 수 있는 가장 큰 세 자리 수는 763이고, 가장 작은 세

자리 수는 306이므로 $763-306=457$ 입니다.

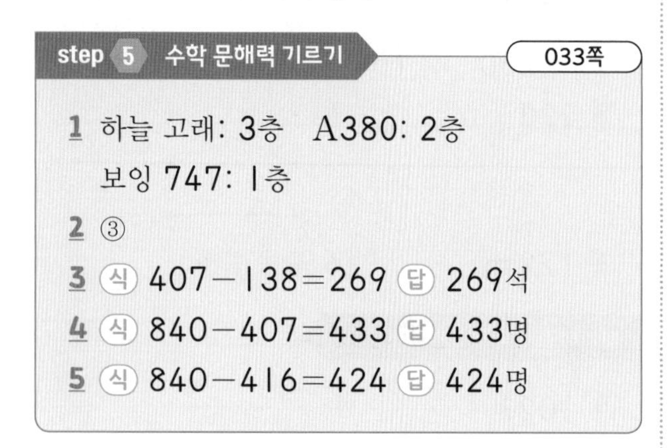

step 5 수학 문해력 기르기 033쪽

1 하늘 고래: 3층 A380: 2층
보잉 747: 1층
2 ③
3 식 $407-138=269$ 답 269석
4 식 $840-407=433$ 답 433명
5 식 $840-416=424$ 답 424명

2 ③ 작고 좁은 활주로에도 무리 없이 착륙할 수 있게 설계되었다.

05 선의 종류

step 3 개념 연결 문제 036~037쪽

1 ㉠, ㉣; ㉡, ㉢
2 (○) ( ) ( )
3 ( ) (○) ( )
4 ㄱ ㄴ
5

step 4 도전 문제 037쪽

6 5개 7 6개

6

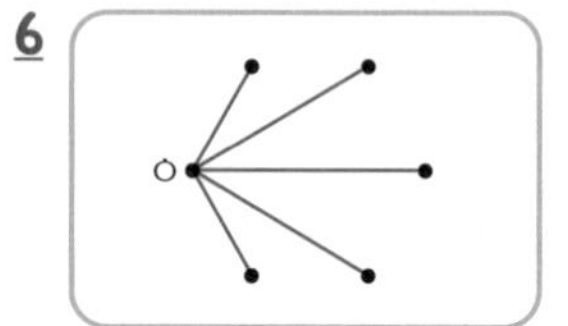

7

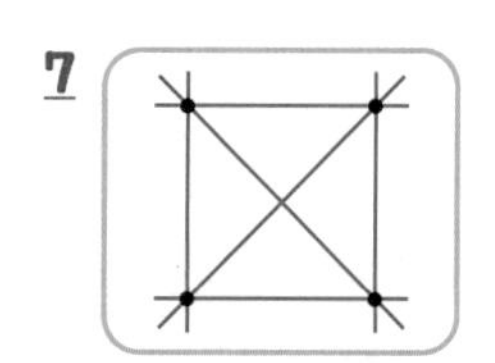

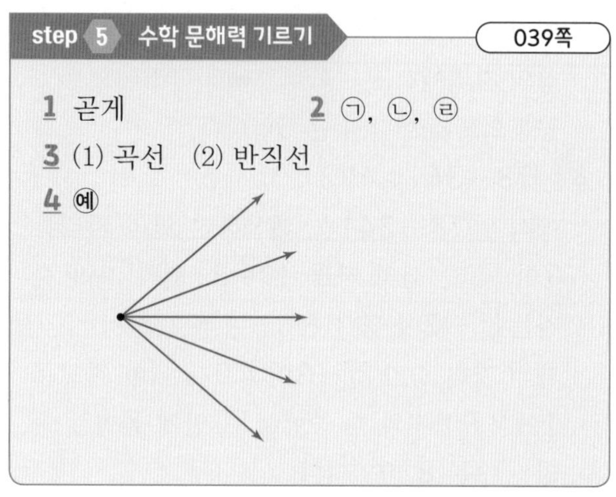

step 5 수학 문해력 기르기 039쪽

1 곧게 2 ㉠, ㉡, ㉣
3 (1) 곡선 (2) 반직선
4 예

4 빛이 시작되는 지점에서부터 반직선의 형태로 그리면 됩니다.

06 각이란 무엇인가?

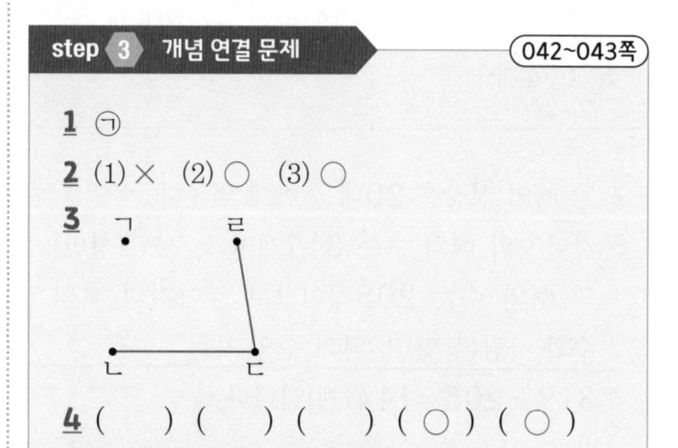

step 3 개념 연결 문제 042~043쪽

1 ㉠
2 (1) × (2) ○ (3) ○
3

4 ( ) ( ) ( ) (○) (○)
5 다, 나, 가 6 풀이 참조

step 4 도전 문제 043쪽

7 풀이 참조 8 풀이 참조

1 각에서 꼭짓점은 1개입니다.

2 (1) 각의 두 변은 반직선입니다.

5 가는 각이 3개 있고, 나는 각이 4개, 다는 각이 6개 있습니다.

6 가와 마에는 각이 없고, 나에는 각이 5개 있습니다. 다에는 3개, 라에는 5개가 있습니다.

7 각이 아닙니다. 각은 두 반직선이 만나서 이루어져야 하지만 이 도형에는 반직선이 아닌 곡선이 있기 때문에 이 도형은 각이 아닙니다.

8
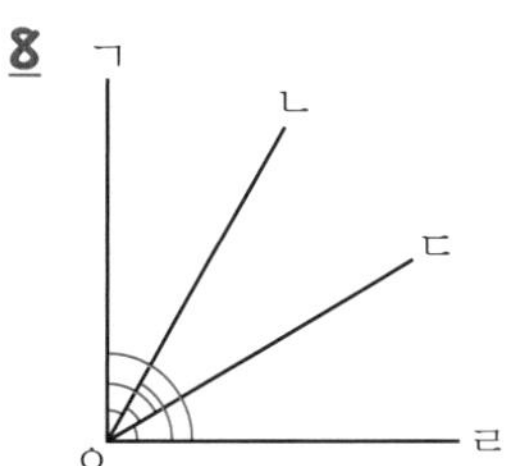

각이 1칸인 경우: 각ㄱㅇㄴ, 각ㄴㅇㄷ, 각ㄷㅇㄹ

각이 2칸인 경우: 각ㄱㅇㄷ, 각ㄴㅇㄹ

각이 3칸인 경우: 각ㄱㅇㄹ

따라서 각 ㄱㅇㄴ, 각 ㄴㅇㄷ, 각 ㄷㅇㄹ, 각 ㄱㅇㄷ, 각 ㄴㅇㄹ, 각 ㄱㅇㄹ입니다.

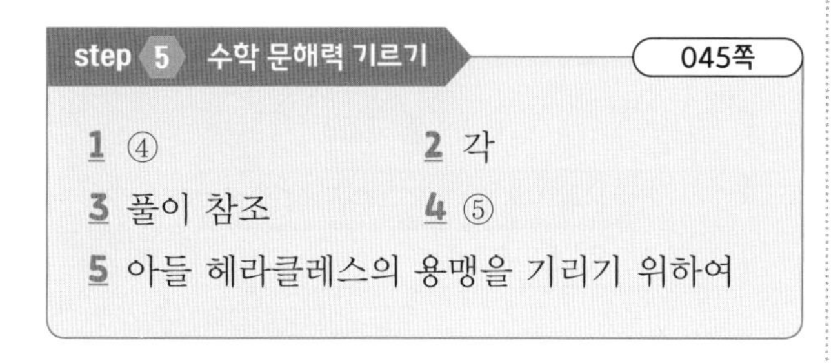

step 5 수학 문해력 기르기 045쪽

1 ④ 2 각

3 풀이 참조 4 ⑤

5 아들 헤라클레스의 용맹을 기리기 위하여

3 예
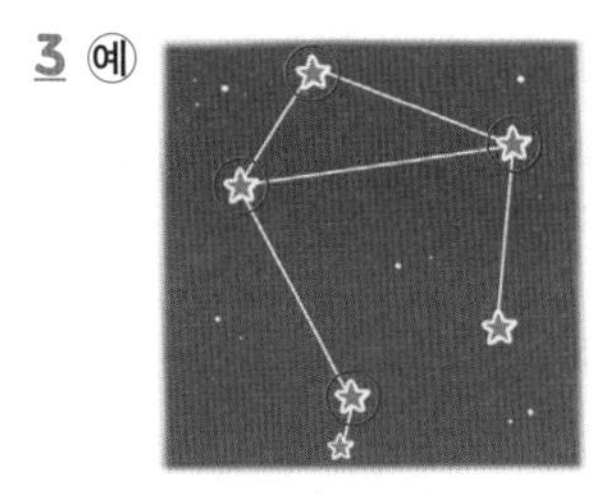

별자리에서 각이 있는 부분은 위와 같습니다.

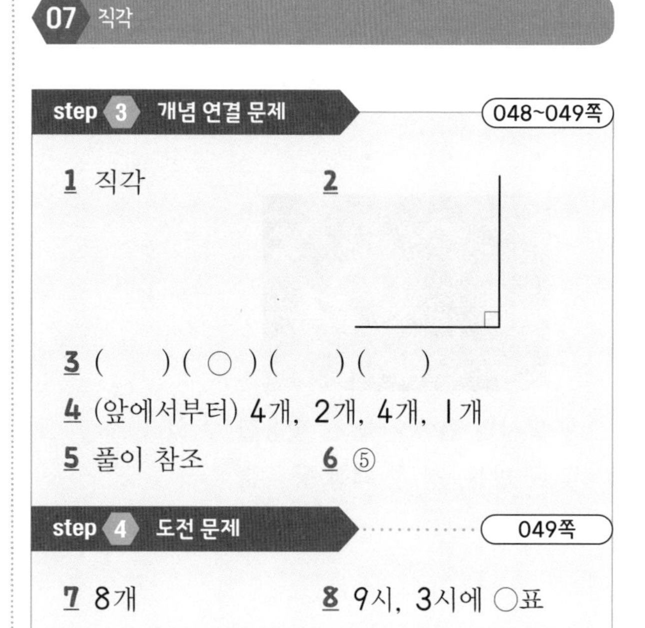

07 직각

step 3 개념 연결 문제 048~049쪽

1 직각 2

3 ( ) (○) ( ) ( )

4 (앞에서부터) 4개, 2개, 4개, 1개

5 풀이 참조 6 ⑤

step 4 도전 문제 049쪽

7 8개 8 9시, 3시에 ○표

3
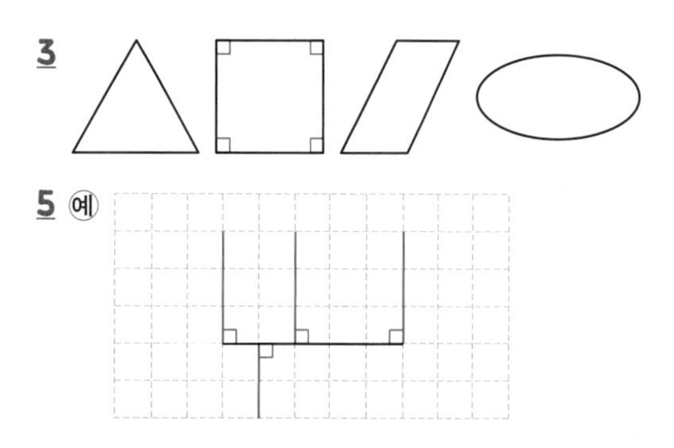

5 예

6 ①~⑤까지 점 ㄱ에 선을 그어 보면 점 ⑤와 직각을 이룹니다.

7
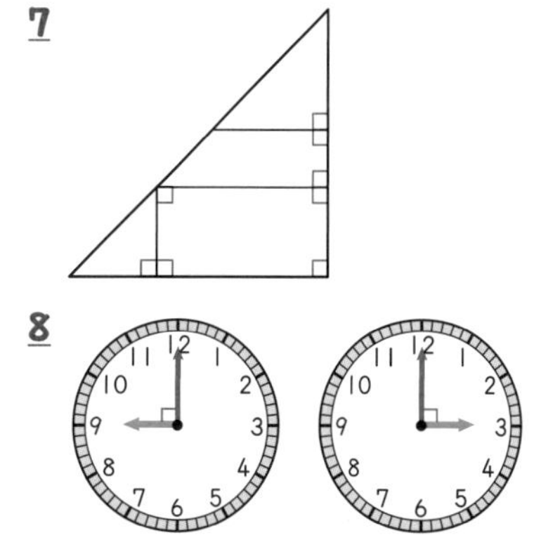

8

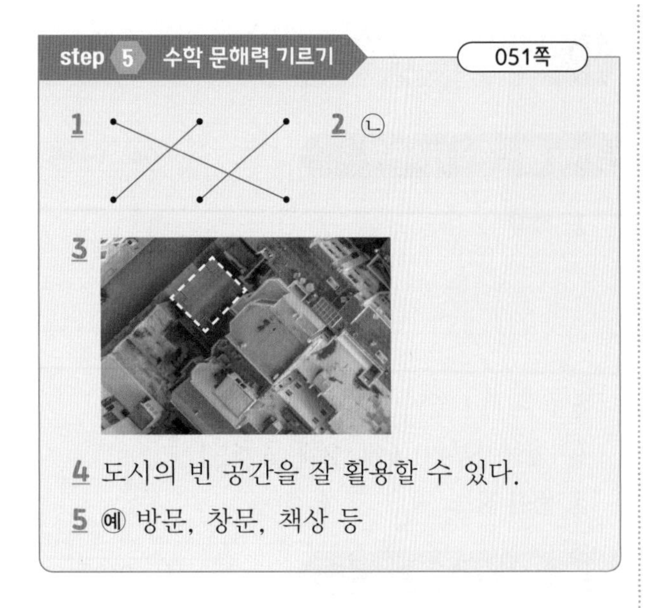

step 5 수학 문해력 기르기 051쪽

1

2 ㉡

3

4 도시의 빈 공간을 잘 활용할 수 있다.

5 예 방문, 창문, 책상 등

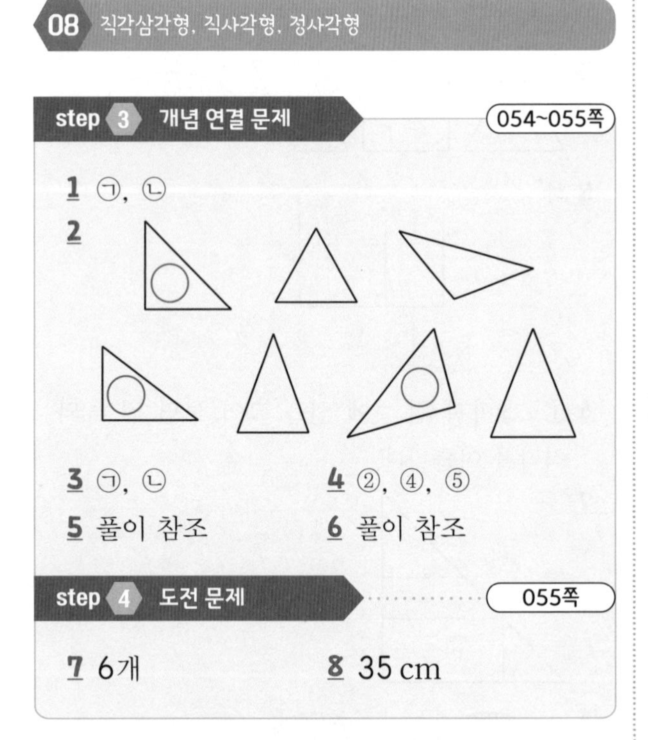

08 직각삼각형, 직사각형, 정사각형

step 3 개념 연결 문제 054~055쪽

1 ㉠, ㉡

2

3 ㉠, ㉡

4 ②, ④, ⑤

5 풀이 참조

6 풀이 참조

step 4 도전 문제 055쪽

7 6개

8 35 cm

1 직각삼각형의 변은 3개입니다.

3 직사각형은 네 변의 길이가 모두 같지는 않습니다.

5

6 (같은 점) 네 변과 네 꼭짓점이 있습니다. 네 각이 모두 직각입니다.

(다른 점) 정사각형은 네 변의 길이가 같지만 직사각형은 그렇지 않습니다.

7

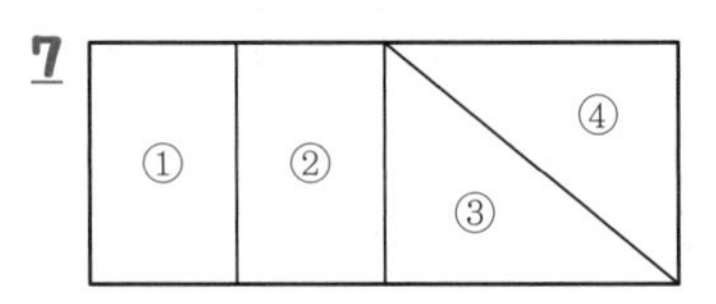

1칸짜리 직사각형: ①, ②

2칸짜리 직사각형: ①+②, ③+④

3칸짜리 직사각형: ②+③+④

4칸짜리 직사각형: ①+②+③+④

모두 6개입니다.

8

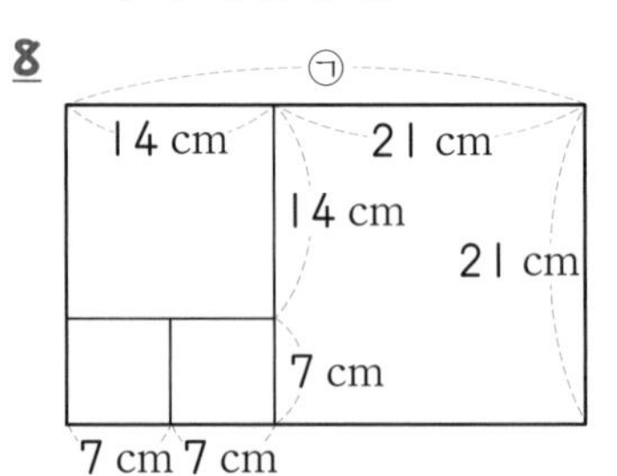

따라서 ㉠=14+21=35(cm)가 됩니다.

step 5 수학 문해력 기르기 057쪽

1 ⑤

2 칠교

3 (1)

직각삼각형	정사각형
1, 3, 5, 6, 7	4

(2) 6, 7

1 ① 중국 당나라 사람들이 사용한 그림이라는 뜻이다.

② 탱그램은 버드나무, 은행나무, 살구나무 등으로 만든다.

③ 탱그램은 가로와 세로 10 cm 정도 되는 정사각형 판을 일곱 조각으로 자른 다음, 여러 가지 형상을 표현하며 노는 놀이를 말한다.

④ 탱그램 조각은 큰 삼각형 2개, 중간 크기의 삼각형 1개, 작은 삼각형 2개, 정사각형 1개, 평행사변형 1개로 이루어진다.

3 (2)

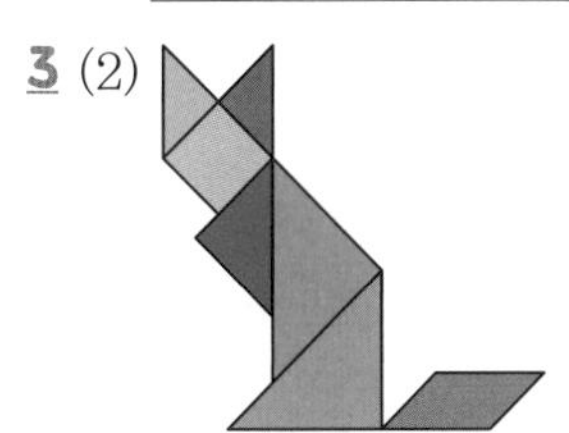

실제로 이와 같은 형태이고 파란색으로 표시된 부분에는 가장 큰 직각삼각형인 6번 또는 7번이 사용됩니다.

09 똑같이 나누기

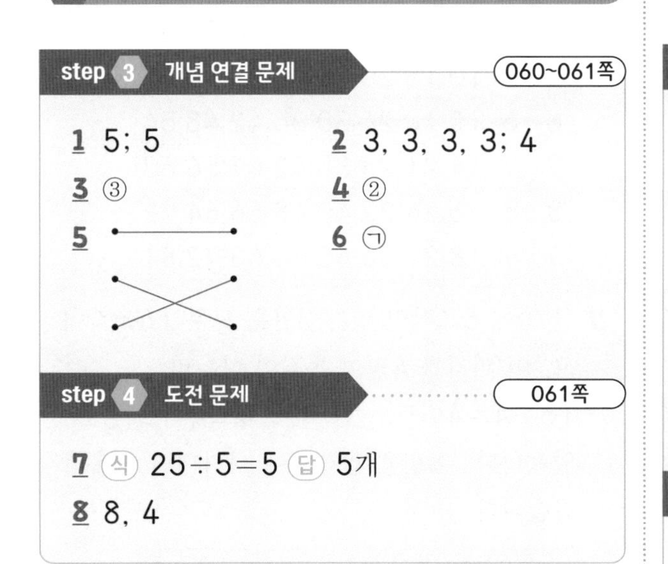

step 3 개념 연결 문제 (060~061쪽)

1 5; 5 **2** 3, 3, 3, 3; 4

3 ③ **4** ②

5 **6** ㉠

step 4 도전 문제 (061쪽)

7 (식) $25 \div 5 = 5$ (답) 5개

8 8, 4

4 36에서 4만큼 9번을 뺐기 때문에 나눗셈식은 $36 \div 4$가 됩니다.

6 ㉡ 35를 5로 나눈 몫은 7입니다.

㉢ 35에서 5씩 7번 뺄 수 있습니다.

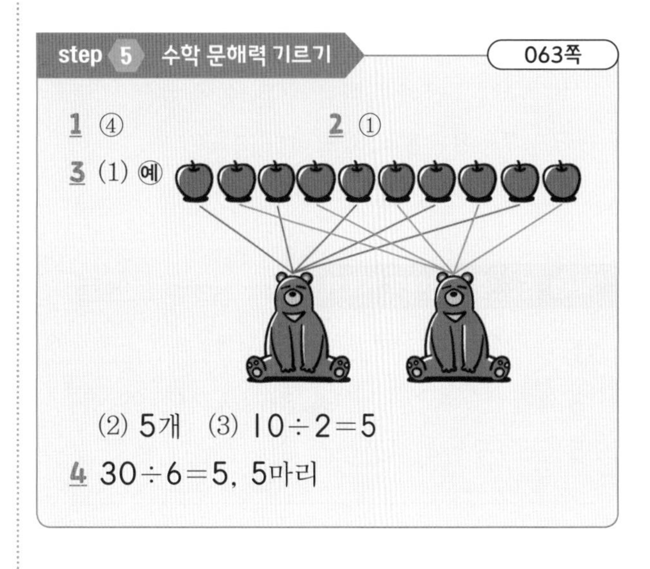

step 5 수학 문해력 기르기 (063쪽)

1 ④ **2** ①

3 (1) 예

(2) 5개 (3) $10 \div 2 = 5$

4 $30 \div 6 = 5$, 5마리

10 곱셈과 나눗셈의 관계

step 3 개념 연결 문제 (066~067쪽)

1 (1) 5, 20 (2) 5, 4

2 $4 \times 6 = 24$, $24 \div 4 = 6$ 또는 $24 \div 6 = 4$

3 ①, ③

4 (1) 56, 7, 8; 56, 8, 7

(2) 24, 4, 6; 24, 6, 4

5 (1) 4, 9, 36; 9, 4, 36

(2) 4, 7, 28; 7, 4, 28

step 4 도전 문제 (067쪽)

6 $32 \div 8 = 4$, 4개 **7** 30

6 두 사람의 달걀의 총 개수는 $14 + 18 = 32$(개)입니다.
이 달걀을 8개씩 담았을 때 필요한 바구니의 수를 구하는 식을 세우면 $32 \div 8 = 4$입니다.
따라서 바구니는 4개가 필요합니다.

7 $\square \times 3 = 21 \longleftrightarrow 21 \div 3 = \square$에서 각각의 $\square$ 안에 들어갈 수는 7입니다.
$7 \times \square = 56 \longleftrightarrow 56 \div \square = 7$에서 각각의 $\square$

안에 들어갈 수는 8입니다.
따라서 □ 안에 들어갈 모든 수의 합은
$7+7+8+8=30$입니다.

step 5 수학 문해력 기르기 069쪽

1 ⑤ **2** ㉣
3 4개 **4** $36 \div 4=9$, 9묶음
5 $36 \div 9=4$, 4묶음

1 대형 마트 진열의 법칙에 규칙적으로 진열한 다는 내용은 없습니다.
3 키위가 한 팩에 6개씩 들어 있으므로 2팩에 들어 있는 키위의 수는 $6 \times 2=12$(개)입니다. 키위 12개를 세 집에 똑같이 나누어 주려면 $12 \div 3=4$(개)씩 나누어 줄 수 있습니다.

11 나눗셈의 몫을 곱셈으로 구하기

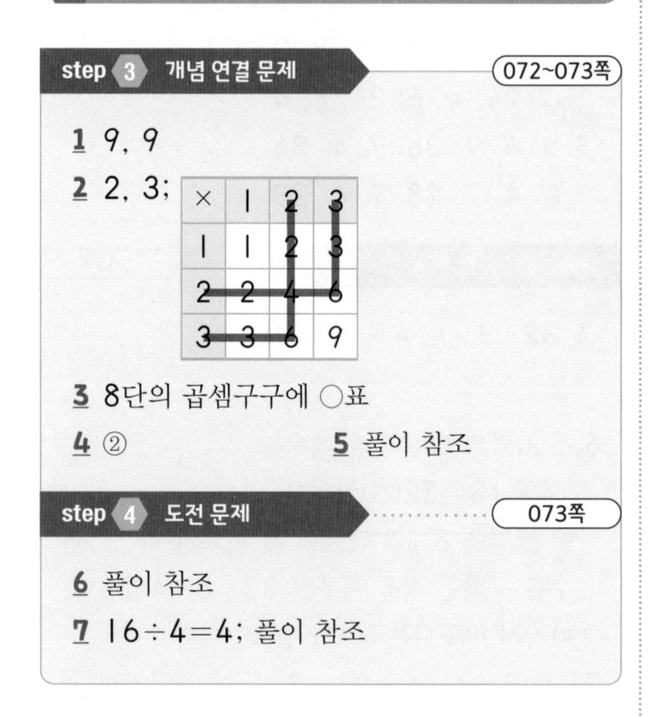

step 3 개념 연결 문제 072~073쪽

1 9, 9
2 2, 3;

×	1	2	3
1	1	2	3
2	2	4	6
3	3	6	9

3 8단의 곱셈구구에 ○표
4 ② **5** 풀이 참조

step 4 도전 문제 073쪽

6 풀이 참조
7 $16 \div 4=4$; 풀이 참조

4 ② $18 \div 9$는 9의 단 곱셈구구를 이용해야 합니다.

5

×	1	2	3	4	5	6
1	1	2	3	4	5	6
2	2	4	6	8	10	12
3	3	6	9	12	15	18
4	4	8	12	16	20	24
5	5	10	15	20	25	30
6	6	12	18	24	30	36

$20 \div 4=5$가 됩니다.

6 어떤 수는 9와 4의 곱이므로 36이고, 이 수를 6으로 나누면 $36 \div 6=6$이 됩니다. 이것을 곱셈표에 나타내면 다음과 같습니다.

×	1	2	3	4	5	6	7	8	9
1	1	2	3	4	5	6	7	8	9
2	2	4	6	8	10	12	14	16	18
3	3	6	9	12	15	18	21	24	27
4	4	8	12	16	20	24	28	32	36
5	5	10	15	20	25	30	35	40	45
6	6	12	18	24	30	36	42	48	54
7	7	14	21	28	35	42	49	56	63
8	8	16	24	32	40	48	56	64	72
9	9	18	27	36	45	54	63	72	81

7 한 판에 8조각인 피자 2판은 모두 16조각이고, 이 피자를 4명이 똑같이 나누면 $16 \div 4=4$이므로 한 명이 4조각씩 먹을 수 있습니다. 이것을 곱셈표에 나타내면 다음과 같습니다.

×	1	2	3	4	5	6	7	8	9
1	1	2	3	4	5	6	7	8	9
2	2	4	6	8	10	12	14	16	18
3	3	6	9	12	15	18	21	24	27
4	4	8	12	16	20	24	28	32	36
5	5	10	15	20	25	30	35	40	45
6	6	12	18	24	30	36	42	48	54
7	7	14	21	28	35	42	49	56	63
8	8	16	24	32	40	48	56	64	72
9	9	18	27	36	45	54	63	72	81

step 5 수학 문해력 기르기 075쪽

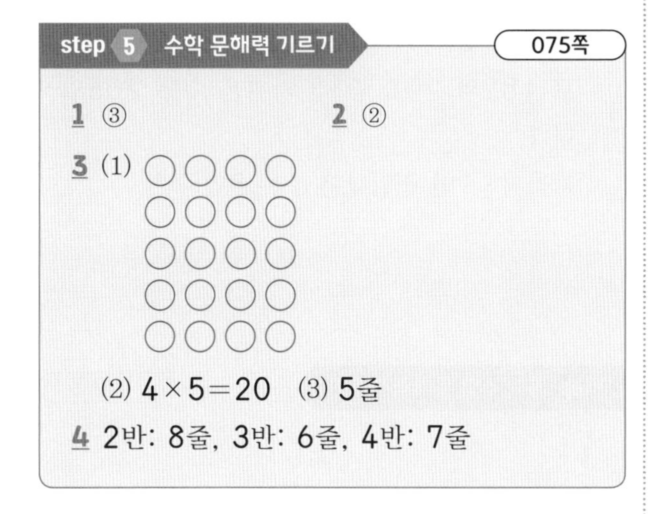

1 ③ 2 ②

3 (1) (동그라미 그림)

(2) $4\times5=20$ (3) 5줄

4 2반: 8줄, 3반: 6줄, 4반: 7줄

1 판 뒤집기, 공 굴리기, 응원전, 콩 주머니 던지기, 꼬리잡기 게임을 했으며 줄다리기는 하지 않았습니다.

2 3학년만 하는 체육 대회입니다.

4 공 굴리기 게임은 3명씩 줄을 서 입장했습니다. 2반은 24명이므로 3명씩 8줄 서게 되고, 3반은 18명이므로 3명씩 6줄 서게 됩니다. 마지막으로 4반은 21명으로 3명씩 7줄 서게 됩니다.

12 올림이 없는 (몇십몇)×(몇) 계산하기

step 3 개념 연결 문제 078~079쪽

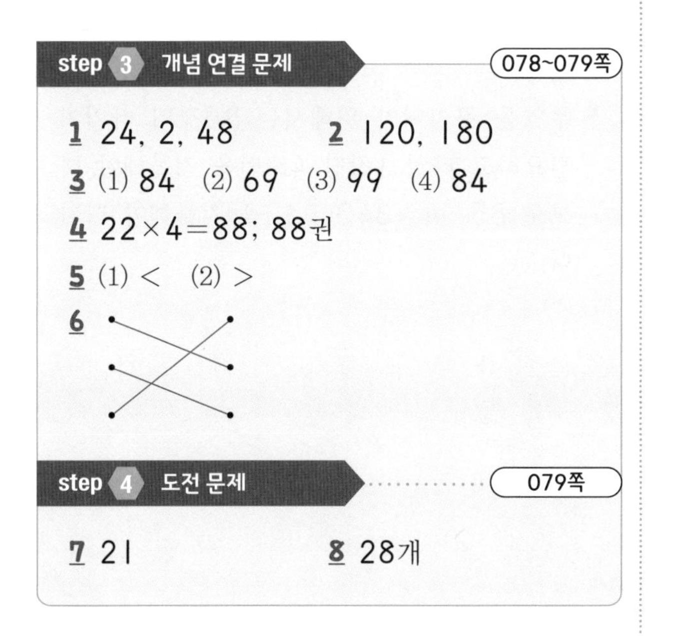

1 24, 2, 48 2 120, 180

3 (1) 84 (2) 69 (3) 99 (4) 84

4 $22\times4=88$; 88권

5 (1) < (2) >

6

step 4 도전 문제 079쪽

7 21 8 28개

2 $40\times3=120$, $60\times3=180$

5 (1) $12\times4=48$이므로 50보다 작습니다.

(2) $32\times3=96$이므로 99가 더 큽니다.

7 $23\times3=69$이고, $30\times3=90$이므로 두 수의 차는 $90-69=21$입니다.

8 사탕을 민서는 12개, 진성이는 민서보다 2개 더 가지고 있으므로 $12+2=14$(개), 선우는 진성이보다 2배를 더 가지고 있으므로 $14\times2=28$(개)를 가지고 있습니다.

step 5 수학 문해력 기르기 081쪽

1 초대 2 ③

3 $10\times6=60$, 60개

4 $12\times4=48$, 48개

5 90개

2 ③ 4학년은 색종이가 아니라 한지로 꾸민 세상입니다.

3 10작품씩 6줄이므로 $10\times6=60$(개)입니다.

4 12작품씩 4줄이므로 $12\times4=48$(개)입니다.

5 전시대 한 개에 작품이 6개씩 5줄이므로 $6\times5=30$(개)입니다. 전시대가 모두 3개 있으므로 전시된 작품 수는 $30\times3=90$(개)입니다.

13 올림이 있는 (몇십몇) × (몇) 계산하기

step 3 개념 연결 문제 084~085쪽

1 15, 5, 75
2 (1) 210 (2) 78 (3) 162 (4) 252
3 ② 4 8
5 식 $17\times4=68$ 답 68 cm
6 82×2에 ○표

step 4 도전 문제 085쪽

7 (앞에서부터) 4, 3, 7
8 8

3 ① 159 ② 172 ③ 140 ④ 164 ⑤ 144 이므로 가장 큰 수는 172입니다.

4 $32\times4=128$에서 $32=16\times2$이므로 $16\times2\times4=128$입니다.
$16\times\square=128$에서 $16\times2\times4=128$이므로 $16\times8=128$입니다.
따라서 □ 안에 들어갈 수는 8입니다.

6 $46\times4=184$, $82\times2=164$, $92\times2=184$이므로 결과가 다른 것은 82×2입니다.

다른 풀이
46과 82, 혹은 46과 92의 관계를 생각해 보면 46의 2배인 92와 2의 곱은 46과 4의 곱과 같음을 알 수가 있습니다. 따라서 결과가 다른 하나는 82×2가 됩니다.

7 수 카드 3, 4, 7로 만들 수 있는 곱셈식을 모두 쓰고 계산해 보면 $34\times7=238$, $37\times4=148$, $43\times7=301$, $47\times3=141$, $73\times4=292$, $74\times3=222$입니다. 계산 결과를 비교해 보면 계산 결과가 가장 큰 곱셈식은 $43\times7=301$입니다.

8 $26\times\square$가 200에 가장 가까운 경우를 알아봅니다. $26\times7=182$, $26\times8=208$이므로 182와 208 중 더 가까운 수는 208입니다.
따라서 □ 안에 알맞은 수는 8입니다.

step 5 수학 문해력 기르기 087쪽

1 ㉣ 2 풀이 참조
3 식 $25\times8=200$ 답 200장
4 식 $17\times5=85$ 답 85장
5 340코인

1 물건을 사기 위해서는 코인을 지불해야 합니다.

2 집안 곳곳을 자기의 취향으로 꾸며 보는 재미가 있고, 심한 경쟁이 이루어지지 않아서 편안하게 게임을 즐길 수 있습니다.

3 세 번째 타일로 화장실 벽면을 꾸미려면 타일의 수가 가로로 25개, 세로로 8줄이 필요하므로 $25\times8=200$(장)의 타일이 필요합니다.

4 색이 진한 첫 번째 타일로 부엌을 꾸미려면 타일의 수가 가로로 17개, 세로로 5줄이 필요하므로 $17\times5=85$(장)의 타일이 필요합니다.

5 부엌을 꾸미미기 위해서는 85장의 타일이 필요하고 타일 1장당 4코인을 지불해야 하므로 $85\times4=340$(코인)을 지불해야 합니다.

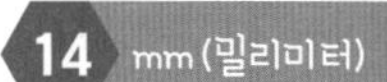

14 mm(밀리미터)

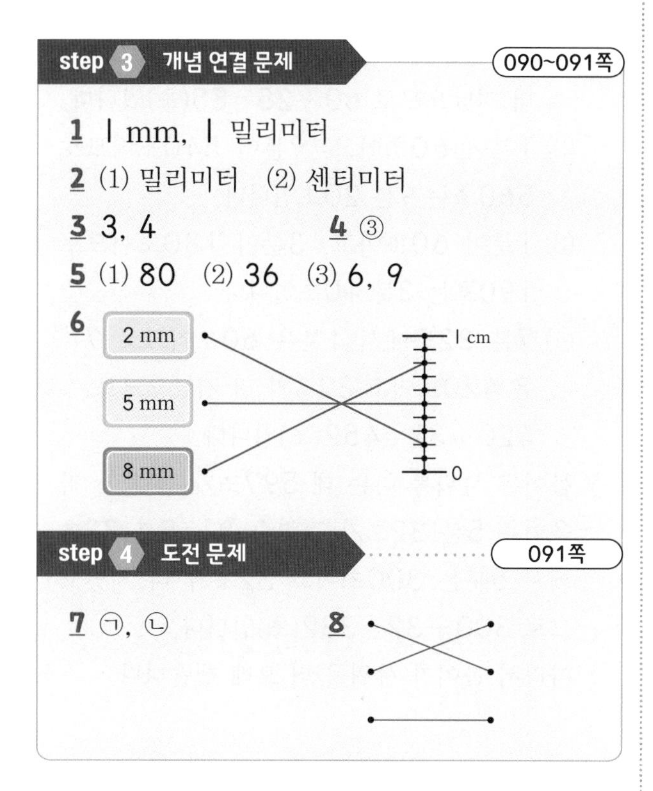

step 3 개념 연결 문제 090~091쪽

1 1 mm, 1 밀리미터

2 (1) 밀리미터 (2) 센티미터

3 3, 4 **4** ③

5 (1) 80 (2) 36 (3) 6, 9

6

step 4 도전 문제 091쪽

7 ㉠, ㉡ **8**

4 ③ 1 cm=10 mm입니다.

7 ㉢ 지민이의 키는 130 cm입니다.

㉣ 사전의 두께는 1 mm보다는 두껍습니다.

㉤ 교실 칠판의 길이는 3 m입니다.

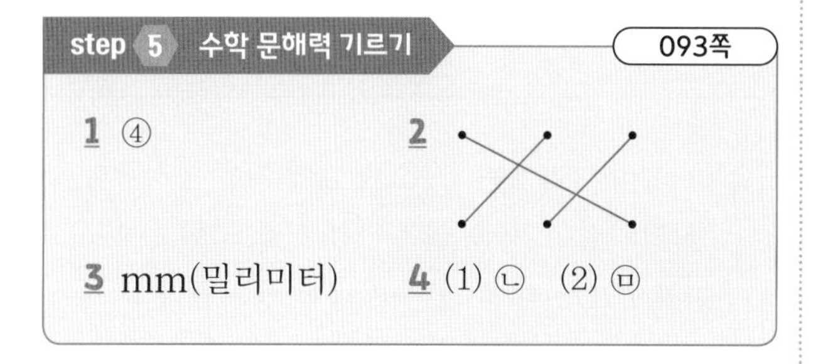

step 5 수학 문해력 기르기 093쪽

1 ④ **2**

3 mm(밀리미터) **4** (1) ㉡ (2) ㉤

1 손톱개구리는 등장하지 않았습니다.

4 ㉠ 사토미스피그미해마: 약 10 mm

㉡ 이집트땅거북: 121~144 mm

㉢ 쇠주머니: 50~65 mm

㉣ 프루케시아 마이크라: 16 mm

㉤ 페도프라이네 아마우엔시스: 약 8 mm

가장 큰 동물은 이집트땅거북이고, 가장 작은 동물은 페도프라이네 아마우엔시스입니다.

15 km(킬로미터)

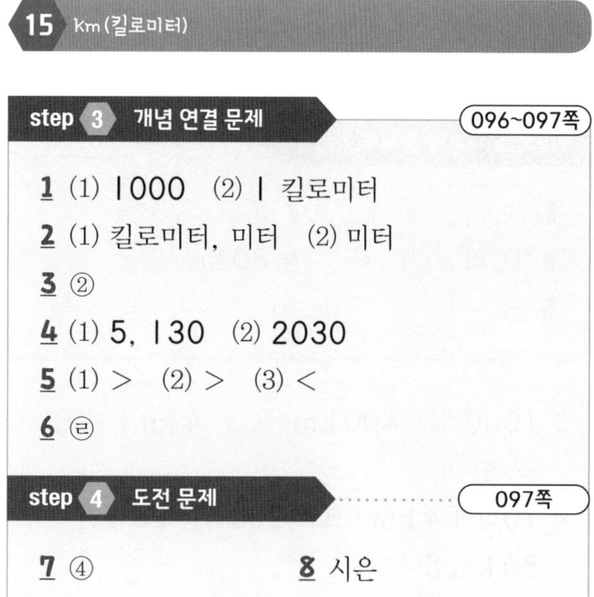

step 3 개념 연결 문제 096~097쪽

1 (1) 1000 (2) 1 킬로미터

2 (1) 킬로미터, 미터 (2) 미터

3 ②

4 (1) 5, 130 (2) 2030

5 (1) > (2) > (3) <

6 ㉣

step 4 도전 문제 097쪽

7 ④ **8** 시은

3 8 km 430 m ➡ 8 킬로미터 430 미터

5 (1) 2 km 60 m=2060 m이므로 2400 m보다 더 짧습니다.

(2) 1 km 200 m=1200 m이므로 1500 m보다 더 짧습니다.

(3) 6 km 450 m=6450 m이므로 6046 m보다 더 깁니다.

6 ㉠ 버스의 길이는 약 10 m입니다.

㉡ 텔레비전 가로의 길이는 텔레비전의 크기에 따라 다르지만 2 m보다 짧습니다.

㉢ 10층 건물의 높이는 건물의 크기에 따라 다르지만 50 m가 채 되지 않습니다.

㉣ 한라산의 높이는 1947 m로 1 km보다 더 높습니다.

7 ① 7664 m

② 7985 m

③ 7 km 718 m=7718 m

④ 7 km 300 m=7300 m

⑤ 7 km 602 m=7602 m

이므로 ④번 7300 m가 가장 짧습니다.

8 편의점에 시은이네 집까지는 1 km 797 m로 1797 m이고, 편의점에서 미래네 집까지는 1098 m이므로 편의점에서 시은이네 집까지가 더 멉니다.

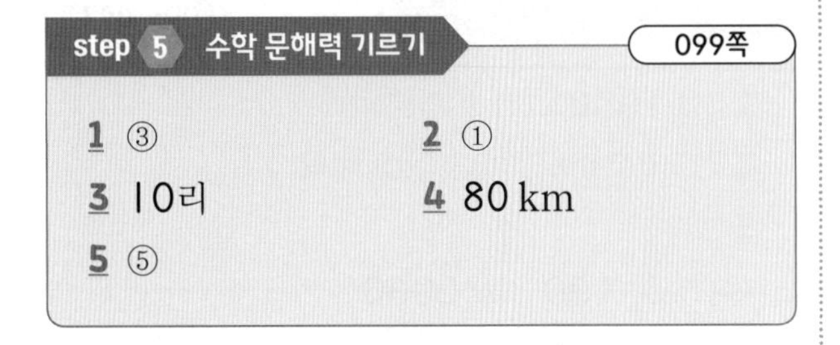

step 5 수학 문해력 기르기 099쪽

1 ③ **2** ①

3 10리 **4** 80 km

5 ⑤

3 1000리가 400 km이므로 4 km는 10리가 됩니다.

4 10리가 4 km이므로 200리는 20배인 80 km입니다.

5 십 리는 4 km이므로 4 km를 m로 나타내면 4000 m입니다.

16 초

step 3 개념 연결 문제 102~103쪽

1 초

2 (1) 3, 20, 30 (2) 12, 5, 6

3 ⑤

4 (1) 초 (2) 시간 (3) 분

5 ③

step 4 도전 문제 103쪽

6 (1) 85 (2) 9, 20 (3) 3, 10 (4) 452

7 봄

3 시침은 10을 조금 지나 있고, 분침은 14를 조금 지나 있으며, 초침은 21을 가리키므로 10시 14분 21초입니다.

5 ③ 60초가 1분이므로 600초는 10분입니다.

6 (1) 1분 25초에서 1분은 60초이고 25초가 더 지났으므로 60+25=85(초)입니다.

(2) 1분이 60초이고, 9분이 540초이므로 560초는 9분 20초입니다.

(3) 1분이 60초이고, 3분이 180초이므로 190초는 3분 10초입니다.

(4) 7분 32초에서 1분은 60초이므로 7분은 420초이고 32초가 더 지났으므로 420+32=452(초)입니다.

7 봄이는 샤워를 하는 데 597초가 걸렸고, 가을이는 5분 32초가 걸렸습니다. 5분 32초에서 5분은 300초이고 32초가 더 지났으므로 300+32=332(초)입니다.
따라서 봄이가 샤워를 더 오래 했습니다.

step 5 수학 문해력 기르기 105쪽

1 ⑤ **2** ③

3 (1) 100초

(2) 삼각김밥과 김밥, 햄버거와 샌드위치 토스트

(3) 냉동 면/밥

2 ① 우리 나라에는 1980년대에 처음 등장했다.

② 편의점은 처음 일본에서 시작되었다.

④ 1990년대에 많은 지점이 생겨났다.

⑤ 초등학생들은 잘 이용하지 않는다.
→ 초등학생들도 많이 이용하고 있다.

3 (1) 1분이 60초이므로 1분 40초는 100초입니다.

(3) 냉동 면과 밥이 3~5분으로 최소 180초가 걸리므로 가장 긴 조리 시간이 필요합니다.

17 시간의 덧셈과 뺄셈

step 3 개념 연결 문제 108~109쪽

1 (1) 26, 55 (2) 30, 25
2 2시 10분　　　3 11시 52분
4 (1) 9, 45, 35 (2) 3, 5, 5
5 풀이 참조　　　6 1시간 11분

step 4 도전 문제 109쪽

7 45분 6초　　　8 겨울

2 주어진 시각이 2시 5분이므로 5분 후의 시각은 2시 10분입니다.

3 지금 시각이 12시이므로 8분 전의 시각은 11시 52분입니다.

5 시간의 계산은 시는 시끼리 분은 분끼리 초는 초끼리 계산해야 하므로 바르게 계산하면 다음과 같습니다.

	20시	30분	
+		10분	16초
	20시	40분	16초

6 서울에서 5시 25분에 출발하고 제주도에 6시 36분에 도착하므로 서울에서 제주도까지 가는 데 걸린 시간은 다음과 같습니다.

	6시	36분
−	5시	25분
	1시간	11분

7 달리기를 시작한 시각이 11시 20분 15초이고, 끝낸 시각이 12시 5분 21초이므로 11시 20분에서 45분이 지나야 12시 5분이 되고 6초만큼 더 지나면 21초가 되므로 45분 6초 동안 달리기를 한 것입니다.

다른 풀이

달리기를 시작한 시각이 11시 20분 15초이고, 끝낸 시각이 12시 5분 21초이므로 12시 5분 21초에서 11시 20분 15초를 빼면 됩니다.

	11	60	
	~~12~~시	5분	21초
−	11시	20분	15초
		45분	6초

8 여름이가 자전거를 3시 30분 20초부터 5시까지 탔으므로 5시에서 3시 30분 20초를 빼면 됩니다.

	4	59	60
	~~5~~시	~~60~~분	초
−	3시	30분	20초
	1시간	29분	40초

여름이가 자전거를 탄 시간은 1시간 29분 40초이므로 겨울이가 탄 1시간 30분 21초보다 더 적게 탔습니다.

step 5 수학 문해력 기르기 111쪽

1 ④　　　2 산기슭
3 12시 21분 10초
4 오후 1시 3분 40초
5 오후 1시 56분 10초

3 토끼와 거북은 12시에 출발했고 토끼가 멈추었을 때 12시 21분 10초라고 했습니다.

4 거북이가 토끼 앞을 지날 때 1시간 3분 40초를 달렸다고 했으므로 그때의 시각은 낮 12시에서 1시간 3분 40초가 지난 오후 1시 3분 40초입니다.

5 토끼가 오후 12시 21분 10초부터 1시간 35분 동안 잤으므로 토끼가 잠에서 깨어났을 때의 시각은 오후 1시 56분 10초입니다.

18 분수

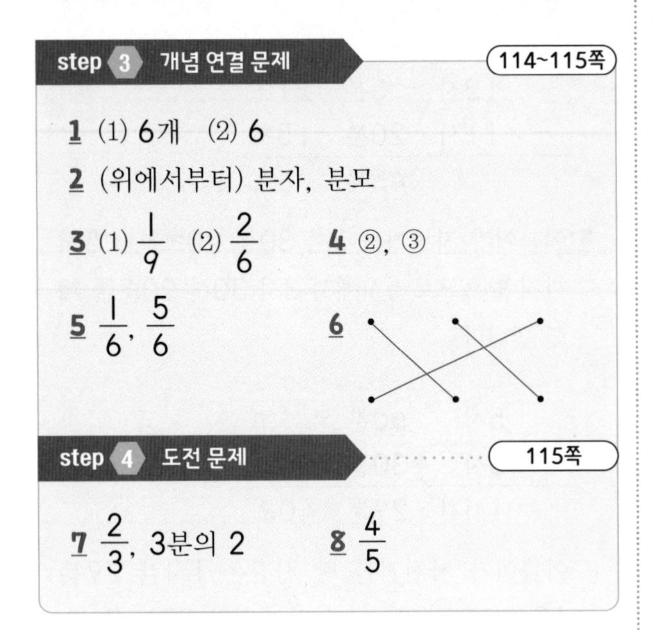

step 3 개념 연결 문제 114~115쪽

1 (1) 6개 (2) 6

2 (위에서부터) 분자, 분모

3 (1) $\frac{1}{9}$ (2) $\frac{2}{6}$ 4 ②, ③

5 $\frac{1}{6}$, $\frac{5}{6}$ 6

step 4 도전 문제 115쪽

7 $\frac{2}{3}$, 3분의 2 8 $\frac{4}{5}$

4 $\frac{(분자)}{(분모)}$이므로 분자가 2인 분수는 ② $\frac{2}{3}$, ③ $\frac{2}{5}$입니다.

5 전체 6조각 중에 1조각을 먹고, 5조각이 남아 있습니다.

7 아르헨티나 국기는 3등분 한 것 중 2조각이 파란색으로 칠해져 있습니다.

8 5조각 중에 색칠되지 않은 부분은 4조각입니다. 따라서 색칠하지 않은 부분을 분수로 나타내면 $\frac{4}{5}$입니다.

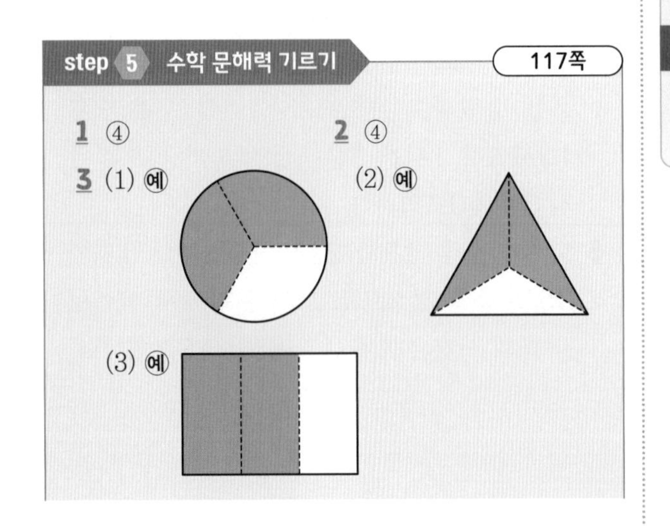

step 5 수학 문해력 기르기 117쪽

1 ④ 2 ④

3 (1) 예 (2) 예

(3) 예

4 $\frac{3}{4}$ 5 $\frac{9}{10}$

1 ④ 분자가 1인 분수가 대부분이긴 했으나 $\frac{2}{3}$도 사용했습니다.

2 분자와 분모를 사용하는 방식은 그리스 시대에 나타났으며, 분자를 분모 위에 쓰는 방식은 6세기경 인도에서 사용되었다고 하니 이집트가 분수의 개념을 가장 먼저 사용한 것이라 볼 수 있습니다.

19 분모가 같은 분수의 크기 비교

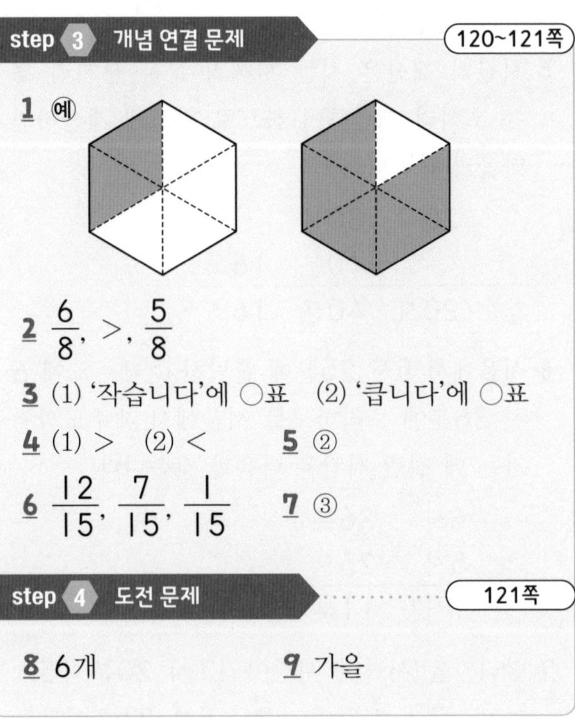

step 3 개념 연결 문제 120~121쪽

1 예

2 $\frac{6}{8}$, >, $\frac{5}{8}$

3 (1) '작습니다'에 ○표 (2) '큽니다'에 ○표

4 (1) > (2) < 5 ②

6 $\frac{12}{15}$, $\frac{7}{15}$, $\frac{1}{15}$ 7 ③

step 4 도전 문제 121쪽

8 6개 9 가을

5 분모의 크기가 같으면 분자가 가장 작은 분수가 가장 작습니다.

6 분모의 크기가 같으면 분자가 가장 큰 분수가 가장 큽니다. 따라서 $\frac{1}{15}$이 가장 작고, 그다음은 $\frac{7}{15}$, $\frac{12}{15}$가 가장 큽니다.

7 ③ $\frac{4}{7}$는 $\frac{1}{7}$이 4개이고, $\frac{6}{7}$은 $\frac{1}{7}$이 6개이므로 $\frac{4}{7}<\frac{6}{7}$입니다.

8 $\frac{\square}{16}<\frac{7}{16}$에서 분모가 같으므로 분자의 크기를 비교하면 됩니다. 따라서 □<7이어야 하고, 1에서 9까지의 수 중에서 □ 안에 들어갈 수 있는 수는 1, 2, 3, 4, 5, 6으로 6개입니다.

9 가을이는 $\frac{1}{12}$이 9개인 수라고 했으므로 $\frac{9}{12}$를 말했습니다.

봄이는 $\frac{1}{12}$이 7개인 수라고 했으므로 $\frac{7}{12}$를 말했습니다.

$\frac{9}{12}$는 $\frac{7}{12}$보다 크므로 가을이가 더 큰 수를 말했습니다.

step 5 수학 문해력 기르기 123쪽

1 ③, ⑤ **2** ④

3 (1) 풀이 참조 (2) 여름

4 (1) 풀이 참조 (2) 봄

2 용어만 일본을 거치면서 바뀌게 된 것이고, 처음 만들어진 곳은 스페인입니다.

3 색칠하기는 여러 가지 방법이 가능합니다.

	봄	여름
그림	예	예
분수	$\frac{4}{8}$	$\frac{5}{8}$

4 색칠하기는 여러 가지 방법이 가능합니다.

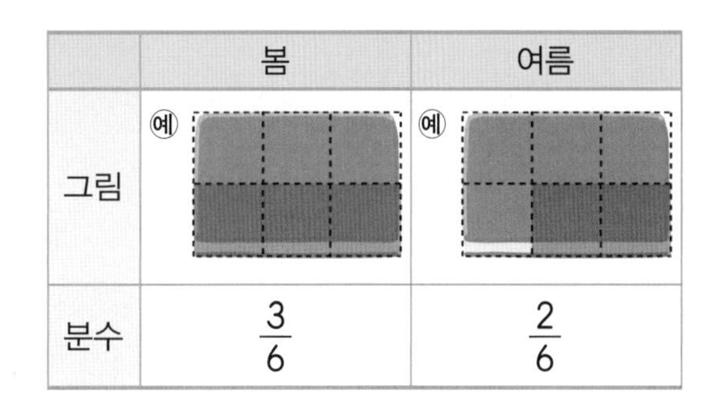

	봄	여름
그림	예	예
분수	$\frac{3}{6}$	$\frac{2}{6}$

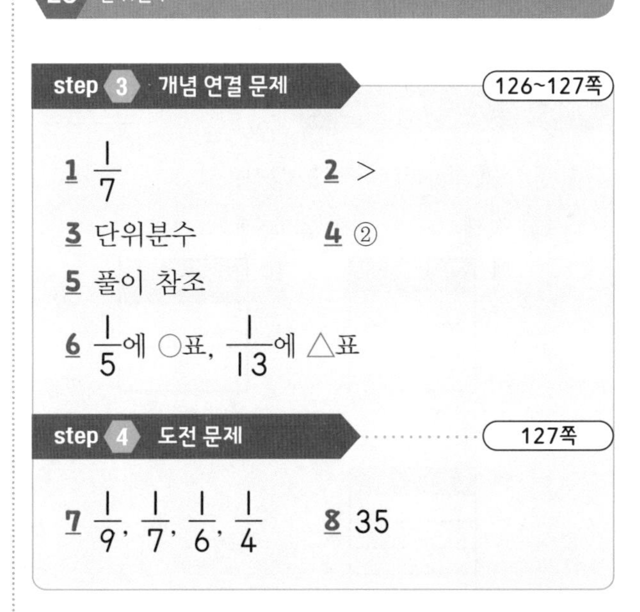

20 단위분수의 크기 비교

step 3 개념 연결 문제 126~127쪽

1 $\frac{1}{7}$ **2** >

3 단위분수 **4** ②

5 풀이 참조

6 $\frac{1}{5}$에 ○표, $\frac{1}{13}$에 △표

step 4 도전 문제 127쪽

7 $\frac{1}{9}$, $\frac{1}{7}$, $\frac{1}{6}$, $\frac{1}{4}$ **8** 35

4 단위분수는 분모가 클수록 더 작습니다. 따라서 $\frac{1}{2}$이 $\frac{1}{6}$보다 더 큽니다.

5 예

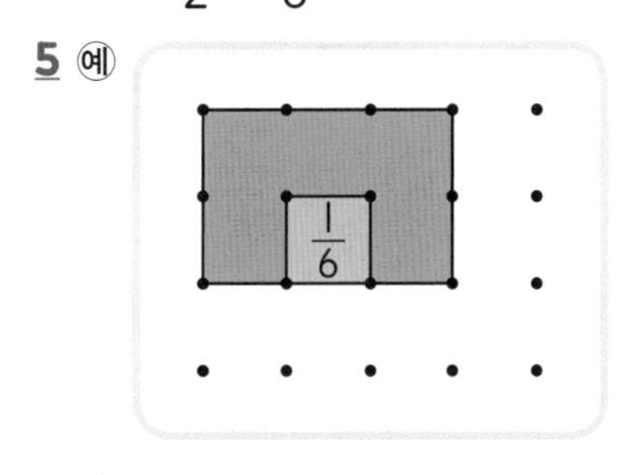

$\frac{1}{6}$만큼 색칠된 칸을 포함하여 모두 6칸을 칠하면 됩니다.

6 단위분수는 분모의 크기가 작은 것이 가장 크고, 분모의 크기가 큰 것이 가장 작습니다.

7 단위분수는 분모의 크기가 작은 것이 가장 크고, 분모의 크기가 큰 것이 가장 작습니다. 따라서 $\frac{1}{9}$이 가장 작고, $\frac{1}{4}$이 가장 큽니다.

8 $\frac{1}{4}>\frac{1}{\square}>\frac{1}{10}$에서 □ 안에 들어갈 수 있는 수는 4보다 크고 10보다 작은 수입니다. 따라서 □ 안에 들어갈 수는 5, 6, 7, 8, 9이고 모든 수의 합은 $5+6+7+8+9=35$입니다.

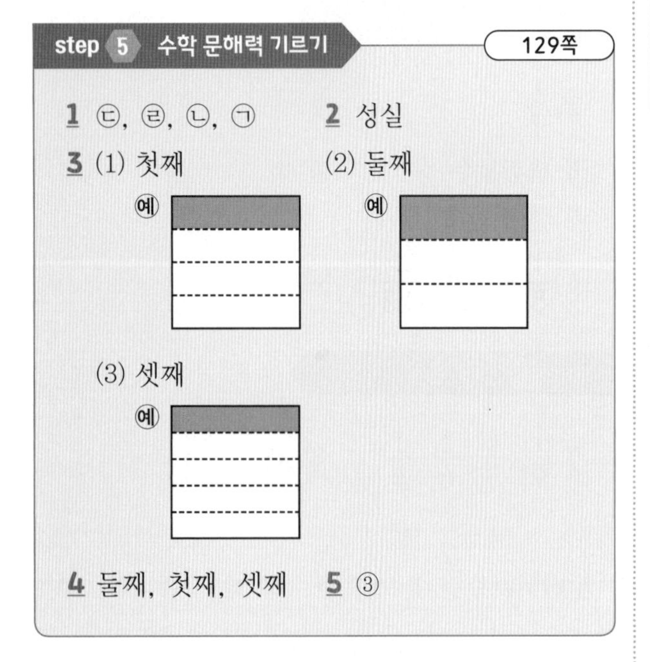

step 5 수학 문해력 기르기 129쪽

1 ㉢, ㉣, ㉡, ㉠ **2** 성실

3 (1) 첫째 (2) 둘째

(3) 셋째

4 둘째, 첫째, 셋째 **5** ③

4 첫째는 $\frac{1}{4}$만큼 둘째는 $\frac{1}{3}$만큼 셋째는 $\frac{1}{5}$만큼 밭을 매었으므로 밭을 가장 많이 맨 사람부터 순서대로 둘째, 첫째, 셋째입니다.

5 ① 단위분수의 분자는 1로 모두 같습니다.

② 단위분수에서 분모의 크기가 크면 더 작은 수입니다.

④ 단위분수에서 분자는 1로 모두 같습니다.

⑤ 단위분수에서 단위분수의 개수를 비교할 수 없습니다.

21 소수

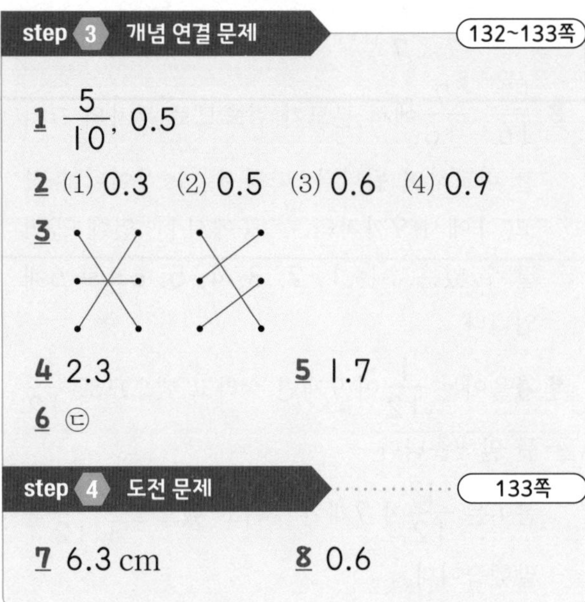

step 3 개념 연결 문제 132~133쪽

1 $\frac{5}{10}$, 0.5

2 (1) 0.3 (2) 0.5 (3) 0.6 (4) 0.9

3

4 2.3 **5** 1.7

6 ㉢

step 4 도전 문제 133쪽

7 6.3 cm **8** 0.6

6 10 cm 6 mm=106 mm입니다.

7 오전에 25 mm, 오후에는 38 mm가 온다고 예보하였으므로 내일 63 mm가 올 것으로 예보되었습니다. 63 mm를 cm로 나타내면 6.3 cm입니다.

8 시은이는 우유의 $\frac{1}{10}$과 $\frac{3}{10}$을 마셨으므로 어제와 오늘 모두 $\frac{4}{10}$만큼을 마셨습니다. 따라서 남은 우유는 $\frac{6}{10}$이고, 소수로 나타내면 0.6입니다.

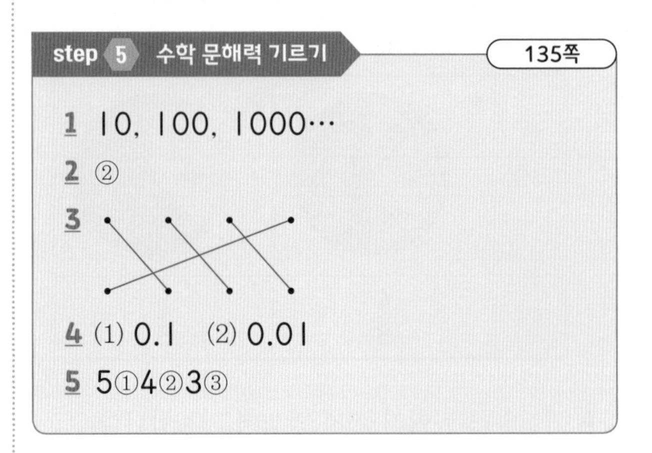

step 5 수학 문해력 기르기 135쪽

1 10, 100, 1000…

2 ②

3

4 (1) 0.1 (2) 0.01

5 5①4②3③

22 소수의 크기 비교

step 3 개념 연결 문제 (138~139쪽)

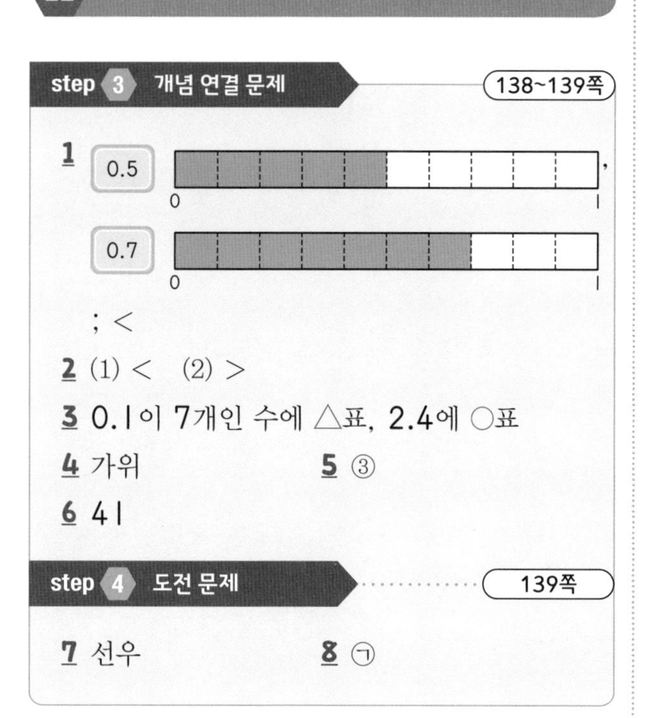

1 0.5, 0.7 ; <

2 (1) < (2) >

3 0.1이 7개인 수에 △표, 2.4에 ○표

4 가위　　5 ③

6 41

step 4 도전 문제 (139쪽)

7 선우　　8 ㉠

2 자연수의 크기만으로도 소수의 크기를 비교할 수 있습니다.

3 0.1이 7개인 수는 0.7이고, 0.1이 15개인 수는 1.5입니다.

4 자연수의 크기를 비교하면 가위의 길이가 가장 길다는 것을 알 수 있습니다.

5 $\frac{6}{10}$=0.6이므로 0.1보다 크고 0.6보다 작은 수는 0.2, 0.3, 0.4, 0.5로 모두 4개입니다.

6 3.7은 0.1이 37개이고, 4와 0.2만큼이 4.2이므로 ㉠=37, ㉡=4입니다.
따라서 ㉠과 ㉡의 합은 37+4=41입니다.

7 선우는 6.9 cm, 강이는 6.7 cm, 산이는 6.3 cm의 철사를 가지고 있으므로 선우의 철사가 가장 깁니다.

8 ㉠ 9와 0.9만큼의 수는 9.9입니다.
㉡ 0.1이 89개인 수는 8.9입니다.
따라서 더 큰 수는 ㉠입니다.

step 5 수학 문해력 기르기 (141쪽)

1 우상혁, 1위　　2 ④

3 1.45 m

4 2022년 세계 실내 선수권 대회

5 2.19 m

2 ④ 2007년 전국 시도 대항 육상 경기 대회에서 높이뛰기 초등학생부 금메달을 획득했다.

4 2017년 아시아 선수권 대회에서의 기록은 2.30 m이고, 2022년 세계 실내 선수권 대회 기록은 2.34 m입니다. 따라서 2022년 세계 실내 선수권 대회 기록이 더 좋습니다.

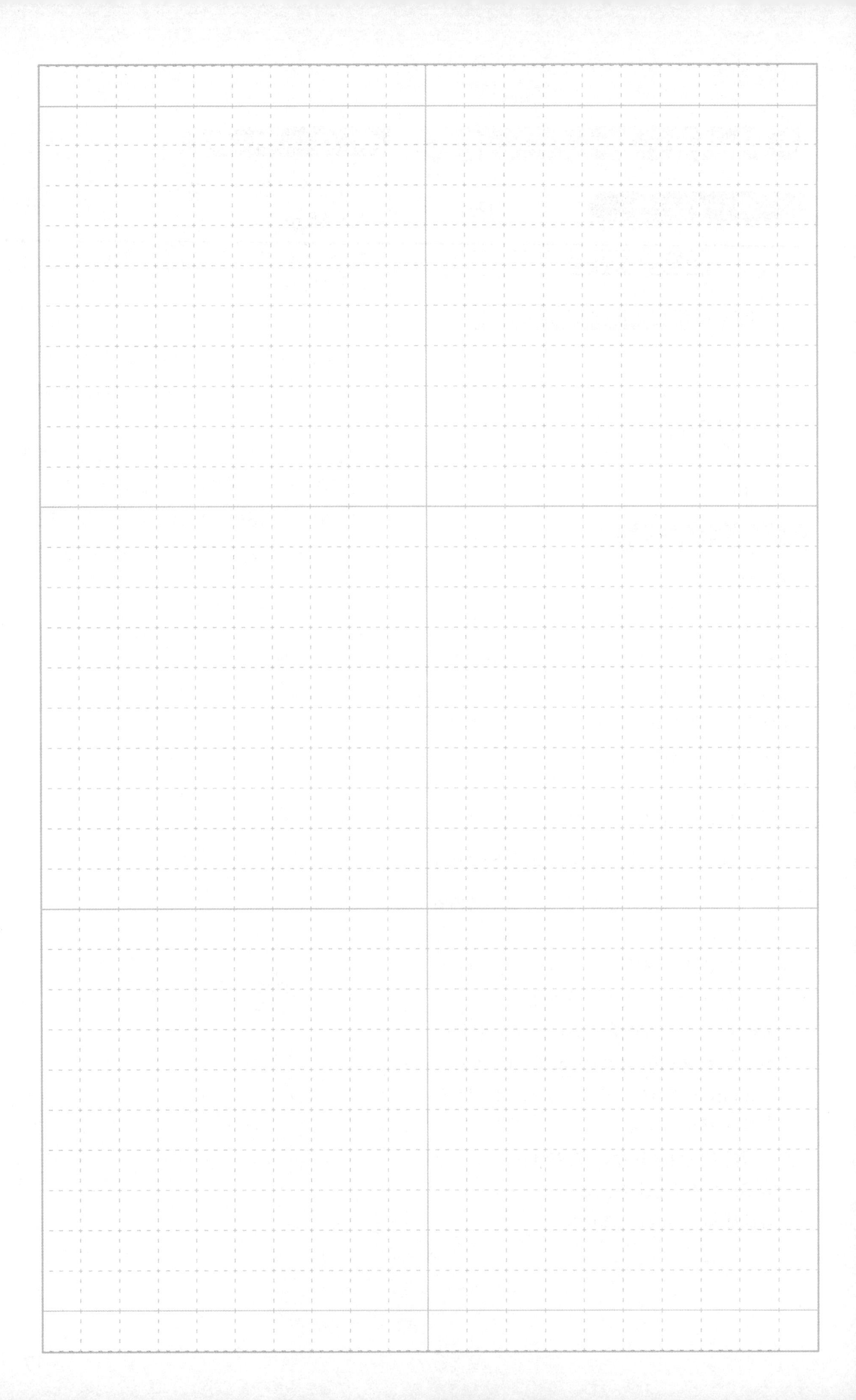

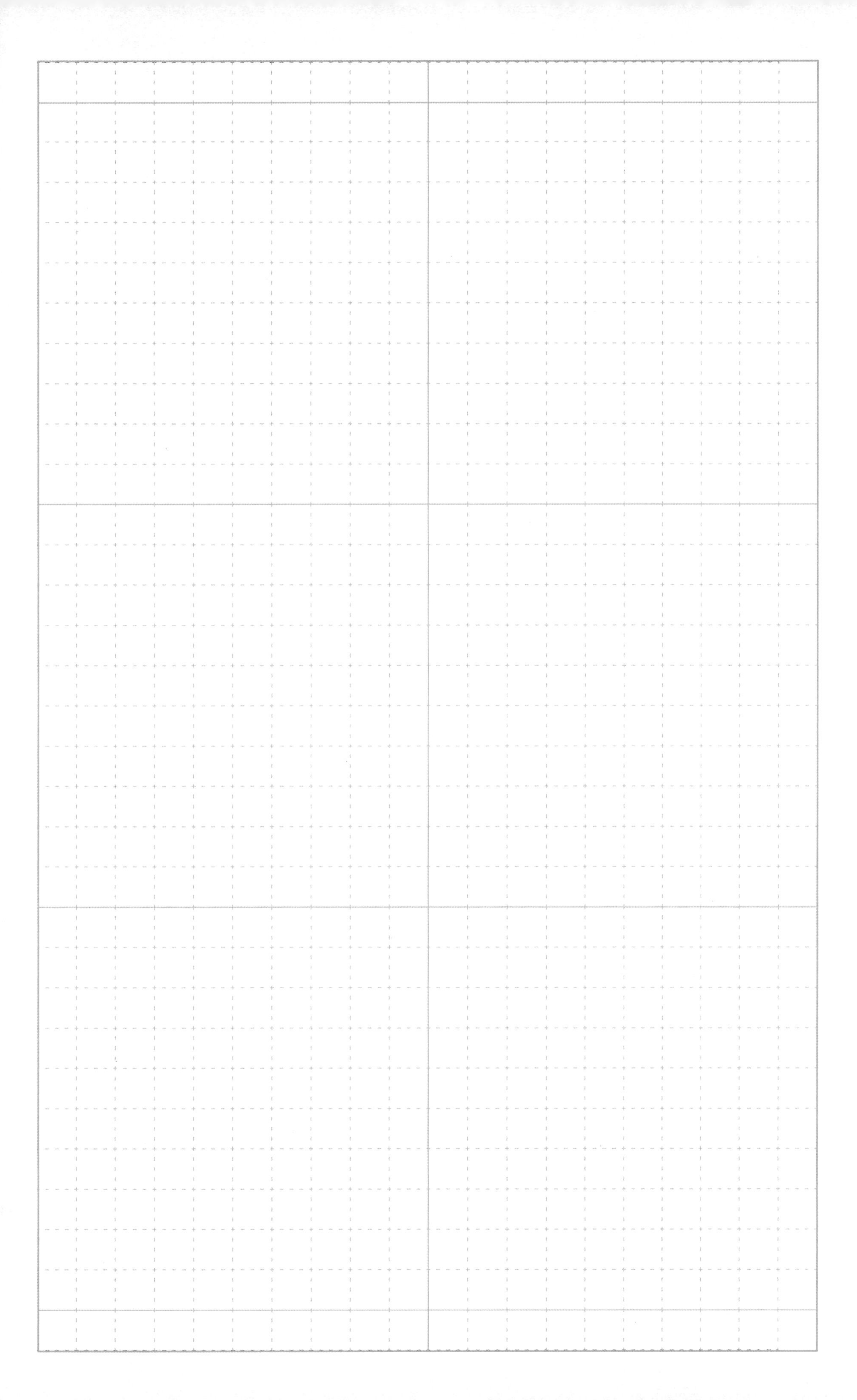